科学
发现
之旅

U0338442

人造 的 暗河

陈积芳——主编　　黄民生 等——著

上海科学技术文献出版社
Shanghai Scientific and Technological Literature Press

图书在版编目（CIP）数据

人造的暗河 / 黄民生等著 . —上海：上海科学技术文献
出版社，2018
　（科学发现之旅）
　ISBN 978-7-5439-7695-5

Ⅰ . ① 人… 　Ⅱ .①黄… 　Ⅲ .①河流—普及读物 　Ⅳ .
① P941.77-49

中国版本图书馆 CIP 数据核字 (2018) 第 161298 号

选题策划：张　树
责任编辑：李　莺
封面设计：樱　桃

人造的暗河

RENZAO DE ANHE

陈积芳　主编　黄民生　等著
出版发行：上海科学技术文献出版社
地　　址：上海市长乐路 746 号
邮政编码：200040
经　　销：全国新华书店
印　　刷：常熟市华顺印刷有限公司
开　　本：650×900　1/16
印　　张：14.25
字　　数：136 000
版　　次：2018 年 8 月第 1 版　2018 年 8 月第 1 次印刷
书　　号：ISBN 978-7-5439-7695-5
定　　价：32.00 元
http://www.sstlp.com

目　录

黑色污染与赤潮

~~~~~~~~~~~~~~~~~~~~~~~~~~~~~~~~~~~

　　长期以来，海洋尤其是近海变成了人类的垃圾场和污水池，各种各样的固体垃圾不断地向海洋中倾倒，大量生活污水、工业废水没日没夜地向海洋里排放，油轮泄漏使得附近海域变得乌黑一团……蓝色的海洋正不断遭受污染，她已经到处伤痕累累了。

　　2003年11月13日，一艘悬挂巴哈马国旗的"威望"号油轮在西班牙海域搁浅后，船体裂开一个长达35米的口子，石油不断地大量外泄。这艘油轮装载的7.7万吨石油，外泄形成一条5千米宽、37千米长的污染带后，继续向西班牙西北部海岸飘移，造成超过400千米的海岸受到污染。19日，油轮被大风吹到葡萄牙海域后断裂成两半，沉入1.5千米深的海底。石油覆盖在大片海面上，美丽的海鸟"穿"上一层浓厚的"黑衣"在水中做着垂死的挣扎、原本金黄色的海滩被粘上厚厚的石油……

　　但这惊心动魄的场景仅仅只是海洋经历的无数次践踏中的一段小插曲。可就是这小小的插曲，将对海洋生态系统造成的损害却是漫长的，在某一个时间段来说，其影响甚至称得上是致命的。我们想想，在这样的海水里，那些鱼类、藻类要如何才能生存？在这片海域上空还能有清新的空气、自由飞翔的鸟类吗？这些被污染的海水如果继续流向其他的海域，又将造成怎样的后果？已经有科学家预测，即使用最昂贵、最先进的技术进行治理和补救，受污染的海域要想完全恢复原状，至少也需要几十年。

　　我们知道，全球含水量为14亿立方千米，其中海水就占了97%；海洋的面积也占了全球面积的71%。因此，海洋在整个地球的物质循环和能量流动中有着不可取代的作用。尽管如此，人类造成的海洋污染仍然每天都在发生，就像上面我们提起的"威望"号事件，我们将这类污染称为"黑色污染"，那么海面上浮着石油为什么会造成那么大的危害呢？这是因为大面积的石油覆盖在海面上，它阻碍了大气中的氧气进入海洋，减少了海洋对大气中二氧化碳的吸收，增加了发生温室效应的概率，海洋上存在的油膜会大大减少进入水中的太阳能，这

▼ 清除海洋石油污染

会导致海洋中大量藻类和微生物死亡，海洋生态系统的食物链遭到破坏，从而导致海洋生态系统的失衡。此外，石油会黏附在鱼卵和鱼鳃上使鱼类大量死亡，许多海鸟也因为翅膀黏附石油而不能飞行，被石油污染的鱼虾要么得病死亡、要么品质下降，并通过食物链影响人体健康。可见，我们必须对在海域中的石油运输特别注意，防止"黑色污染"的再次发生。

▲ 赤潮

除了油轮泄漏造成的"黑色污染"外，有时我们还会发现，原本蓝色的海水会呈现出奇异的红色。这时，你可千万别以为那是美丽的珊瑚礁景观，而实际上，它是海洋的另一种污染现象——赤潮。当海水中的磷、氮等物质过多时，水体中某些微小的浮游植物（如硅藻、鞭毛藻、黄绿藻、甲藻、蓝藻及红藻等）、原生动物等在适宜的环境条件下会突发性地增殖和聚集，其结果导致一定范围内一段时间中水体呈现特征性红色（通常为红褐色或茶褐色），这就是赤潮。

那么"赤潮"到底有什么样的危害呢？赤潮的危害在于它不仅给海洋环境、海洋渔业和海水养殖业造成严重危害，而且对人类健康甚至生命都有影响。对发生赤潮问题的海域进行调查时会发现，鱼虾贝类的大量死亡通常会伴随"赤潮"而发生，这是因为，许多赤潮生物会分泌出黏液，粘在鱼、虾、贝等生物的鳃上，妨碍它们呼吸，再加上藻类大量繁殖和死后分解会消耗水中的溶解氧，容易导致鱼虾贝类窒息死亡。另外，大部分的赤潮生物（如甲藻类）还会释放出毒素，会使鱼、虾、蟹、贝、蛤、蛏等中毒死亡，严重时会通过食物链危及人体健康和生命安全。1992年，菲律宾马尼拉湾爆发赤潮，1个星期内有100多人因食用被赤潮污染的海货中毒，其中6人死亡。

目前，赤潮已成为一种世界性的公害，美国、日本、中国、加拿大、法国、瑞典、挪威、菲律宾、印度、印度尼西亚、马来西亚、韩国等30多个国家赤潮发生都很频繁。由于我国沿海地区工农业生产和水产养殖业的迅速发展，近海水体的富营养化问题日益加重，其结果导致海洋赤潮发生越来越频繁、范围越来越大。自1933年首次报道以来，至1994年我国共有194次较大规模的赤潮，其中20世纪60年代以前只有4次，而1990年后的10多年间则有157起。仅2004年5月份，中国海域共发现赤潮34起，累计面积超过1万平方千米，其中以东海海域最为严重，其赤潮发生次数占全国海域的72%左右。

庆幸的是，海洋污染的问题已越来越受到人们的重视，我国从1979年以来相继制订颁布了《中华人民共和国环境保护法》《海洋环境保护法》《水污染防治法》《防治船舶污染海域管理条例》《海洋倾废管理条例》《港口的水域保护条例》等涉及环境保护及防止海洋污染的专门法律法规。我国还积极参加了以海洋为主题的国际会议和系列活动，与国际社会一起共同保护海洋环境，如发布《中国海洋政策白皮书》，召开全国海洋大会，组织各种宣传活动，包括全国海洋知识竞赛、全国青少年"走向海洋"教育活动、海洋科技博览电视系列专辑《百万民众热爱海洋、保护海洋》宣传日活动等。另外，在赤潮频发的省市，海洋与渔业部门及时发布赤潮信息通报，预测养殖环境质量和水产品受污染状况，消除了人们对赤潮的恐慌，减少了不必要的经济损失，有效地避免了因赤潮造成大规模养殖水产品死亡和人员中毒事件，防灾减灾效果十分明显。

（金承翔　黄民生）

赤　潮

又称红潮，因海洋中的浮游生物暴发性急剧繁殖造成海水颜色异常的现象。江河、湖泊中也会出现类似的现象，但通常称为水花或水华。赤潮并不都是红色的，不同的浮游生物引起海水变为不同的颜色，赤潮只是各种颜色潮的总称。海水中铁、锰等微量元素和某些有机化合物等含量过高也是赤潮的重要诱因。过于丰富的营养元素会导致藻类生物的大量繁殖，还有缺氧也是产生赤潮的主要原因之一。

珊瑚礁

~~~~~~

　　健康的珊瑚礁是自然界最令人赞叹的景观之一，无数的礁岩生物生活在由珊瑚炫目的色彩及复杂的结构所铺设而成的环境中。

　　珊瑚可不只是一些色彩丰富的岩石！一般人们所指的珊瑚，乃是大批聚集在一起的珊瑚虫，死后遗留下来的钙质骨骼所形成的，千万别以为珊瑚礁是矿物，它可是地地道道的动物遗迹呢！愈接近礁岩内层，其形成的时间愈早，有些大型的珊瑚礁更是珊瑚家族历经好几代的时间，共同累积的结果。而且并非所有的珊瑚都是枝状的，它们的颜色和形状形形色色、各式各样。

　　从分类上来看，珊瑚可以分为两大类：一类是有藻类共生的造礁珊瑚，通常生活在阳光充足的较浅区域；另外一类则是无藻类共生的非造礁珊瑚，一般生活在较深的海底。

珊瑚礁具有很多重要的作用。首先，珊瑚礁能维持渔业资源。对许多具有商业价值的鱼类而言，珊瑚礁给它们提供了食物来源以及繁殖的场所。例如：海参、龙虾等具有重要经济价值的无脊椎动物。在马来西亚，有百分之三十的渔获都是从珊瑚礁丛中捕得的。

其次，珊瑚礁能吸引观光客。愈来愈多的潜水观光客在寻找全球各地原始珊瑚礁，健康的珊瑚礁是具有强烈吸引力的。观光行业目前正是兴盛且获利良好的产业，珊瑚礁所构成的巨大吸引力更不应被忽视。但发展观光业的同时，也要确保珊瑚礁的永续发展。

再次，珊瑚礁维护了生物多样性。珊瑚礁的生物多样性丰富程度可以与热带雨林相媲美。在所有的海洋生态系中，珊瑚礁的生物多样性是最丰富的，珊瑚礁的破坏就是对世界生物多样性的严重威胁。在珊瑚礁中有许多物种资源可制造药品、化学物质及食物，当珊瑚礁被破坏了，许多物种也就在被发现其作用前消失了。

▼ 美丽的珊瑚

另外，珊瑚礁对于保护脆弱的海岸线有特别的意义。健康的珊瑚礁就好像自然的防波堤一般，约有 70%～90%

的海浪冲击力量在遭遇珊瑚礁时会被减弱，而珊瑚礁本身会有自我修补的功能。死掉的珊瑚会被海浪分解成细沙，这些细沙丰富了海滩，补充已被海潮冲走的沙粒。

最后，现代医药开始对珊瑚礁中可制造新药的可能进行研究。珊瑚礁中许多动植物本身可制造化学物质以抵抗其他竞争者及保护自身安全。这些化学物质对人类可能就是极大的资产。例如海绵动物就被用来制造一种新药（Ara-C），用以治疗疱疹及一些癌症。某些特定珊瑚的组织，类似人体的骨骼，自1982年起有些外科医生已应用珊瑚礁加工成人造骨。

珊瑚对于海水的变化非常敏感，它需要温度适中且不受污染的海水。人类向海洋中排放污水、倾倒垃圾及近海超强度开发，已使得许多珊瑚礁受到损害，这不但使海岸失去了美丽的珊瑚礁，导致海洋观光事业萧条，也使得海洋生物失去生育的场所，导致许多渔业资源枯竭。海岸也会因为失去珊瑚礁的屏障，而更容易受到风暴等的侵袭。

如果不知珍惜海洋给予我们的资产，而肆意破坏，我们终究会自食恶果；如果我们想在这块土地上永续发展，就必须在人、自然和其他生物之间，建立和谐共处的关系。

（金承翔　黄民生）

珊瑚礁

在海底世界，珊瑚礁享有"海洋中的热带雨林"和"海上长城"等美誉，被认为是地球上最古老、最多姿多彩、也是最珍贵的生态系统之一。珊瑚在长达2.5亿年的演变过程中保持了顽强的生命力，不论是狂风暴雨、火山爆发还是海平面的升降都没有能让珊瑚灭绝。但是，最近数十年，人类对海洋资源的过度开发，全球气候变暖，对海洋鱼类的滥捕滥杀，对珊瑚礁的掠夺性开采，海岸带高强度建设，使珊瑚礁出现前所未有的生存危机。

红树林

生长在热带和亚热带地区潮间带滩涂上的由木本植物组成的群落类型，被喻为海底森林。我国红树林主要分布在华南、东南沿海。

什么是富营养化

〜〜〜〜〜〜〜〜〜〜〜〜〜〜〜〜〜〜〜〜〜〜〜

"春来江水绿如蓝"是唐代大诗人白居易描绘江南水乡春景的绝句，几百年来一直脍炙人口。从科学原理上解释，这原本是春天两岸碧绿的杨柳倒映在水体中形成的美丽景色。但在人类社会物质文明高度发展的今天，它却成了湖泊、水库等地表水体环境污染、生态破坏的代名词。

作为我国云贵高原上的一颗明珠，昆明滇池一向因山清水秀闻名遐迩。西湖这个让杭州人骄傲的名字，两千多年来使杭州成为人杰地灵之地，令多少文人骚客驻足，写下传世之作。"太湖美，美在太湖水"，太湖流域作为江南水乡文明的发源地，历年来一直是人们十分向往的地方。可是现在，如果你到滇池、西湖或太湖去旅游的话，可能就会被它们黏糊糊、绿油油的水体以及昼夜散发的腥臭弄得游兴全无，你会产生深深疑问：千百年来被人们讴歌、赞叹的美景怎么糟糕到如此境地？！这种"春来江水绿如蓝"让我们如何能接受！

富营养化是导致这些水体变绿、发臭的根本原因。那么何谓"富营养化"呢？从字面来看，就是水体中的营养物质太多了，好像人由于营养过剩而得了肥胖病一样。造成这种恶果的罪魁祸首正是我们人类自己：大量的氮、磷等营养物质通过各种途径（生活污水、工矿业及畜牧和水产业排污、垃圾淋溶、土壤流失以及大气降水等）"输送"到水体之中，水体中氮、磷等营养物质含量也随之逐渐增加，在适宜的环境条件下（如相对安静与封闭的湖泊和水库，充足的光照和较高的气温）水体中低等藻类将呈现爆发性生长繁殖，其结果使得水体快速变绿、发臭，致使水体的生态环境质量严重恶化。农业面源污染对湖泊富营养化影响的问题已经获得越来越广泛的关注。我国在单位农田面积上施用的化肥量分别是俄罗斯的 9 倍、澳大利亚的 8.2 倍、加拿大的 4.4 倍，但我国化肥的有效利用率却只有 30%～40%，其余 60%～70% 的化肥随径流进入湖泊、水库等水体或挥发到大气中。

科学研究表明，在处于严重富营养化污染状态的淡水湖泊、水库中生长的优势生物是一类被称为蓝藻（蓝绿藻或蓝细菌）的低等生物，过度繁殖的蓝藻会在水体表面聚结成团或块，俗称"水华"或"水花""藻华"，它们给我们带来的不利远远不只感官上的不悦，更重要的是会对生态环境、经济发展和人类健康造成极大的危害。突出表现

▲ 太湖梅梁湾"水华"

在：发生"水华"的水体具有强烈的生物毒性，其中蓝藻（主要有铜绿微囊藻、鱼腥藻等）毒素是主要的罪魁祸首，长期接触或饮用这种污染水质将直接威胁居民的身体健康乃至生命安全，世界上许多国家都曾发生过大型牲畜因饮用浓度高的"水华"水而死亡的事例；高等水生生物无法存活，一方面"水华"通过遮光作用导致沉水植物无法存活，另一方面发生严重"水华"水体中的鱼贝类也会因藻毒素的毒害、藻类分解引起的水体缺氧等原因而大量死亡，导致经济损失严重；由于水体发绿发臭且透明度很低导致其景观效应严重恶化，根本无法满足旅游、休闲等活动的基本要求。另外，发生严重"水华"的水体将给自来水厂的生产带来十分严重的恶果，如堵塞取水口和滤池，增加制水成本，使自来水带有异味并危害居民健康等等。太湖梅梁湾1990年夏天蓝藻大爆发堵塞了水厂的取水口，因供水不足，迫使工厂停产，造成无锡市居民生活用水供应也发生困难，出现了住在湖边无水喝的尴尬局面。

近20年来，我国湖泊的富营养化污染发展十分迅速。调查资料显示，20世纪70年代末我国大多数湖泊处于中营养状态，富营养湖泊仅占5.0%。但到了80年代末，富营养湖泊所占面积比例就急剧增至55%以上。1996年26个国控湖泊中，总体富营养化的程度高达

85%，其中滇池、巢湖、太湖等淡水湖泊已经处于重度乃至极度富营养化状态，并已成为严重制约当地社会经济可持续发展的瓶颈问题。

面对如此大敌，我们国家已经意识到了问题的严重性，已经开始着手花大力气去治理富营养化水体。但是这不可能一夜之间立竿见影。

那么，该怎样解决湖泊的富营养化问题呢？方法有很多。俗话说"病从口入"，既然氮和磷是造成水体富营养化和发生"水华"的主要原因，那么我们首先必须严格控制氮、磷等营养物质向水体中排放，具体做法有提高污水处理的脱氮除磷效率、尽量不用或少用含磷洗涤剂、科学施用化肥、严格控制水产养殖规模并合理确定投饵量、对湖库中的污染底泥进行疏浚等等。

在太湖治污的"零点行动"中，我国许多媒体曾尖锐指出人们日常使用的合成洗涤剂已成为地表水体的重要污染源。那么，合成洗涤剂与水体富营养化到底有怎样的关系？

合成洗涤剂主要由表面活性剂和洗涤助剂或溶解助剂两部分组成，其主要洗净作用是由表面活性剂完成的，助剂的作用是提高表面活性剂的去污能力，分为有磷助剂和无磷助剂两种，合成洗涤剂也据此分为含磷和无磷两种类型。含磷洗涤剂以磷酸盐（三聚磷酸钠）作为主要助剂，而无磷洗涤剂是通过重组产品配方和使用 4A 沸石取代磷酸盐的助剂作用，属于一种不造成环境污染的绿色环保产品。

含磷洗涤剂中的磷随洗涤污水排放到河流湖泊中去以后，使水中含磷升高，水质出现富营养化。与氮相比，磷污染的危害性更加严重，因为"水华"爆发对氮、磷的需要量比例大约是 10∶1。由此可知，含磷洗涤剂的使用与水体富营养化有着极其密切的关系。

据有关专家分析，现在我国每年生产 230 万吨洗涤剂，消耗三聚磷酸钠 45 万吨左右，如果按平均 15% 含磷计算，每年就有 6 万多吨的磷排放到地面水中，而 1 克磷就可使藻类生长 100 克。因此，从源头控制磷的排放是预防水体污染的最有效手段。美、英、日等发达国家已在各自的国内禁止含磷洗涤剂的使用和销售。而我国消费者环保意识尚有待加强，而且由于无磷产品质量目前还得不到保证，生产成本与有磷洗涤剂相比高出 20%～25%，所以成品价位较高，加之产品的宣传推广力度不够，使无磷产品没有为广大消费者接受，目前国内其年产量只有 7 万吨左右，还不到洗衣粉总销量的十分之一。

令人欣喜的是，国内禁磷的呼声越来越高。继太湖、滇池、西湖磷污染较重的三大淡水湖流域全面禁止使用、销售有磷洗衣粉，深圳市也开始全面禁磷。

保护环境是每个公民、每个企业的应尽义务，需要政府重视、企业出力、消费者参与。爱护环境，保护家园，人人有责，让我们每一个人，从现在做起，从自己做起，一起倡导和使用无磷洗涤剂。

（金承翔　黄民生　徐　雁）

黑臭的河流

多年前来上海旅游、购物的人在临走时可能会说出这样一句话："繁荣的大上海，黑臭的苏州河"。作为城市水体严重污染的代名词，长期以来黑臭的苏州河早已"名声在外"，直接影响上海这个国际大都市的整体形象和社会经济的可持续发展。

其实，苏州河的黑臭由来已久。据资料记载，从20世纪20年代苏州河市区段便开始出现黑臭，随后黑臭范围越来越大、时间越来越长，黑臭程度也逐年加重。到了20世纪80年代后期，苏州河全年黑臭期居然长达200多天，扑面而来的恶臭使得靠河的房间根本无人肯住，无奈之下许多居民和单位只好把沿河建筑物的窗封死，自来水厂的取水口也经常被黑臭河水包围，严重威胁上海人民的饮水安全，以江南水乡著称的上海竟被列为全国 36 个水质型缺水城市之一。

但黑臭不是上海市河流的特有现象，它已经成为我国许多地区地表水体普遍存在的共性问题。如下简要地摘记了近年来国内媒体对部分省市河流黑臭的一些报道，大家可以从中略知我国河流黑臭污染的概况。

青海：湟水河是黄河上游的一条重要支流，在青海省境内长约 300 公里，流域集中了青海省 60% 以上的人口和大部分的工农业生产。由于工业废水和城镇生活废水的排放量逐年加大，湟水河的水质污染急剧恶化。特别是进入西宁市后的各河段，枯水期水质基本在五类或劣五类（我国地表水环境质量标准，黑臭河流都是劣五类重污染水体）。2002 年，青海省海东地区平安县东庄村的近百亩小麦因引灌了污染的湟水后被活活烧死。

山东：漳卫新河山东乐陵段遭受严重污染，离河几十米就能闻到一股刺鼻的臭味，暗黑色的河水泛起白色的泡沫，不时能看到死去的小鱼漂浮在水面上，随水缓缓向下游流去；在岸边水浅的地方，河底的泥土已罩上了一层黑色。河两岸有条一米多宽整齐的枯草带。污染的河水更是给当地居民生活造成了深深的困扰，据说，当地能喝的井水必须得 500 米以下。

福建：洋下河黑色、发臭的河水缓慢流动，沿河两岸几乎没有人行走，河面上到处漂浮着一片片"黑色不明物"，河水还不停冒泡，每当河面上升腾起一个大泡时，就有一团乌黑的污物在水面上"绽放"，奇臭无比。河两旁新建的很多居民小区直接把粪便通向河里，洋下河几乎成了"天然化粪池"了。

淮河：2004年7月16日到20日，淮河支流沙颍河、洪河、涡河上游局部地区降下暴雨，沿途各地藏污闸门被迫打开，随着5亿多吨高浓度污水的下泻，沿途形成150多公里长乌黑发臭的污水带，"扫荡"整个淮河中下游，创下淮河污染"历史之最"！

▲ 上海郊区黑臭河道

当你捂鼻走过一条条乌黑发臭河流的时候，想必你已亲身感受到了我们生存环境的恶劣程度了吧。那么，原本清澈见底的河流为什么会变得如此黑臭的呢？

从根本原因分析，河流黑臭同样是人类污染造成的恶果，其主要罪魁祸首是污水排放、垃圾倾倒、城建填河。一方面，大量污水排放和垃圾倾倒的结果使得河流中污染物（特别是有机污染物）浓度急剧升高，污染物在生物及化学分解过程中会大量消耗河流中的溶解氧，使得整个河流处于严重的厌氧发酵状态。黑臭河流的"黑"主要与河流中存在着大量吸附了黑色金属硫化物的悬浮颗粒有关，"臭"则是由于厌氧发酵产生的硫化氢、硫醇、氨和胺等带异味的物质从河流中逸出而造成的。黑臭河流的另一特征是冒泡，这是它在河流厌氧状态下产生的另一类发酵产物——沼气造成的，这些沼气气泡在上升过程中携带底泥上泛，使得河流更加污秽不堪。另外，城建填河及盲目设闸使得河流的自我净化能力越来越弱，这在一定程度上加速了河流黑臭的发生和发展。

河流黑臭是地表水体环境质量极度恶化及生态系统崩溃的典型例证，其危害性极其严重。那么，我们如何防治河流黑臭呢？根本的措施在于控制污染，这就要求我们彻底杜绝把河流当成排污沟、垃圾倾倒场的恶劣行为。其次，我们要帮助已经黑臭的河流实现净化和恢复，具体措施有河流曝气增氧、疏浚底泥和生物修复等等。

（金承翔　黄民生　李孔燕）

看不见的地下水污染

~~~~~~~~~~~~~~~~~~~~~~~~~~~~~~~~~

地下水是水资源的重要组成部分，尤其是在地表水资源相对贫乏的干旱、半干旱地区，地下水资源具有不可替代的作用，如我国西北、华北地区主要以地下水作为生活、生产水源。

与地表水相比，地下水受各种"屏障"（土壤及岩石层）的保护，基本上都能做到"洁身自好"，只有在矿体、矿化地层中某些矿物质的过量溶解后才会导致水质恶化，这称为地下水的第一环境污染问题，它只在少数地区、特殊的条件下产生，影响有限。地下水的第二环境污染是指人类生产、生活而造成的地下水质发生恶化的现象，是地下水污染的主要问题。

有人将我国地下水污染划分为以下四个类型：一是地下淡水的过量开采导致沿海地区的海（咸）水入侵；

二是地表污（废）水排放和农耕污染造成的硝酸盐污染；三是石油和石油化工产品的污染；四是垃圾填埋场渗漏污染。其中，农耕污染具有量大面广的特征，未经利用的氮肥在经过地层时通过生物或化学转化成为硝酸盐和亚硝酸盐，长期饮用这种污染的地下水将可能导致氰紫症、食道癌等疾病的发生，国内外都屡有此类环境疾病的报道。

我国地下水污染的现状如何呢？据资料报道，我国浅层地下水大约有 50% 的地区遭到不同程度的污染，其中约有一半城市市区的地下水污染比较严重，地下水水质呈逐年恶化趋势。那么我们该怎样解决地下水污染问题呢？首先，应立足于污染预防，因为地下水污染一般不容易发觉，一旦发现污染，则已经持续很长时间，污染范围已经扩大，治理难度很大。因此，要坚持以防为主的方针，宁可在预防上投入足够的人力、物力，而不要在事后加倍"付学费"。其次，应实行污染治理与水资源开发利用统一规划。例如怎样提高生活污水和工业废水的有效处理？如何防止垃圾渗滤液的污染？怎样正确认识地下水的第一污染问题与第二污染问题、地表水污染与地下水污染等相互之间的关系？这些都需要组织各方面专家与政府一起制定统一的规划，而不是头痛医头，脚痛医脚。在这方面，其他国家的经验教训值得我们吸取、学习。

（金承翔　黄民生）

水中有哪些主要污染物

当你看到身边的水不再清澈如昔时，你或许会随口说一句："这里的水没有以前干净了，应该好好治理一下了。"可是你有没有想过，要治理受到污染的水，首先是要知道水中有哪些污染物，它们来源于何处以及会造成哪些危害。这样才能对症下药，取得最好的效果。

氨氮：是指以氨或铵离子形式存在的化合态氨。氨氮主要来源于人和动物的排泄物，生活污水中平均含氮量每人每年可达 2.5～4.5 千克。下雨的时候，雨水会冲刷农田，此时，农田中所施的化肥有一部分就会被雨水带走，一起进入附近水体中。另外，氨氮还来自化工、冶金、石油化工、油漆颜料、煤气、炼焦、鞣革、化肥等工业废水和生活污水中。氨氮是水体中的许多生物的营养品，但水体中其浓度过高容易导致水体富营养化现象产生。氨氮还是水体中耗氧污染物的主要组成，它在转化为硝酸盐过程中需要消耗大量溶解氧。另外，原水中氨氮浓度过高时会增加自来水消毒处理时的投氯量，并生成氯胺等有害物质。工业循环冷却水系统如遭受氨氮的污染就会加快管道、设备及材料的腐蚀。

石油类：主要来源于石油的开采、炼制、储运、使用过程。石油类污染对水质和水生生物有相当大的危害。漂浮在水面上的油类物质就会迅速扩散，形成油膜，阻碍水面与空气接触，这样一来，大气当中的氧气就很难进入到水中了，使水中溶解氧减少。不仅如此，石油中含有多环芳烃等有害物质，可经生物链富集后危害人体健康。

化学耗氧量：是指水中有机污染物被强氧化剂氧化时所需氧量。化学耗氧量越高，表示水中有机污染物越多。水中有机污染物主要由生活污水或工业废水的排放、生活垃圾腐烂分解后流入水体产生。水体中有机物含量过高可降低水中溶解氧的含量，当水中溶解氧消耗殆尽

水污染的严重后果 ▶

时，水质则腐败变臭，导致水生生物缺氧，以致死亡。

生化需氧量：是指在一定温度（20 ℃）时，水体中的污染物在微生物作用下氧化分解所需的氧量。其来源、危害同化学需氧量相似。河流发黑变臭主要是这类污染物过多造成的。在污水处理以及污染河道治理过程中，分析生化需氧量可以用来评价生物处理的可行性和水体自净能力的大小。

挥发酚：酚是白色或淡红色块状结晶体，吸收水分后就变成液体，有特殊的臭味。水体中的酚类化合物主要来源于含酚废水，如焦化厂、煤气厂、炼油厂、石油化工厂、农药厂等排放的工业废水。沥青路面经雨水淋溶后也会排出一定量的酚。酚类属有毒污染物，可通过皮肤、黏膜、胃肠道吸收后到达中枢神经，使人出现呕吐、痉挛等中毒症状。如果我们吃的鱼肉中带有煤油味，那很可能就是受酚污染并通过食物链富集的结果。

汞：汞（Hg）及其化合物属于剧毒物质，可在生物体内蓄积。水体中的汞主要来源于贵金属冶炼、仪器仪表制造、食盐电解、化工、农药、塑料等行业排放的工业废水，其次是空气、土壤中的汞经雨水淋溶冲刷而迁入水体。水体中汞对人体的危害主要表现为头痛、头晕、肢体麻木和疼痛等。甲基汞在人体内极易被肝和肾吸收，其中只有15%被脑吸收，但首先受损的是脑组织，使人出现知觉异常、语言障碍、视野狭窄等症状，往往引发死亡或遗患终生。历史上好几次重大的环境公害事件都是汞引起的。

砷：主要来源于采矿业和农药及防腐剂等的生产过程。砷及其化合物是剧毒物质，它们能够破坏生物体内的酶系统，对人的致死量仅为 0.1～0.3 克，急性中毒症状主要有呕吐、腹泻、腹痛等，慢性中毒症状有皮肤溃疡、神经障碍等。另外，砷还是致癌物。

氰化物：包括无机氰化物和有机氰化物两大类。水体中氰化物主要来源于冶金、化工、电镀、焦化、石油炼制、石油化工、染料、药品生产以及化纤等行业排放的工业废水。氰化物具有剧毒。氰化氢对人的致死量平均为 50 微克；氰化钠约 100 微克；氰化钾约 120 微克。氰化物经口、呼吸道或皮肤进入人体，极易被人体吸收。

由此可见，被污染的水中有那么多可怕的污染物。当然，一个水体中一般不会"五毒俱全"的，往往只是有其中的一部分污染物，但却可能足以让水质变得无法使用，让我们面临巨大的水资源危机。我们也应该看到，这些水中污染物与我们的日常生活、工业生产是密切相关的，这也就是为什么要改善水环境就应该从我们身边做起的道理。

（金承翔　黄民生）

水体能够自我净化吗

~~~~~~~~~~~~~~~~~~~~~~~~~~~~~~~~~~~~

　　水是环境中最活跃的自然要素之一。水是一切生命机体的组成物质，也是生命代谢活动所必需的物质。可以说，没有水就没有生命。人类生活需要水，各种生产活动也需要水，水是万物之本。因此，水是人类不可缺少的非常宝贵的自然资源。它对人类的生存和社会发展起着重要的支柱作用。

　　那么水体是什么呢？水体是水集中的场所，水体又称为水域。按水体所处的位置可把它分为三类：地面水、地下水和海洋水。这三类水体中的水可以通过自然界的大循环和人工的小循环实现相互沟通。更准确地讲，在环境科学领域，水体不仅仅就是水了，它还包括水中的溶解物、悬浮物、水生生物和底泥，被当作一个完整的生态系统看待。在环境污染的研究中，区分"水"和

"水体"两个概念十分重要。例如，重金属污染物易于从水中转移到底泥里，水中的重金属含量可能并不高，若着眼于水，似乎水污染并不严重，但是从整个水体看，污染就可能很严重。可见，水体污染不仅仅是水污染，还包括底泥污染和水生生态系统的破坏。

"水体自净"，顾名思义就是水体通过自身特有的机制清除污染并逐渐恢复清洁状态的现象。这种自净机制是通过三种作用完成的：（1）物理净化：物理净化是由于水体的稀释、混合、扩散、沉积等作用而使污染物浓度降低的过程。（2）化学净化：化学净化是由于化学吸附、化学沉淀、氧化还原、水解等反应而使污染物浓度降低的过程。（3）生物净化：生物净化是由于水生生物（包括植物、动物和微生物）的吸收、分解作用使污染物浓度降低的过程，从生态学原理分析，它是通过复杂的食物链（网）来实现水体中污染物向外输出和转移的。水体自净的三种作用往往是同时发生，并相互交织在一起。哪一方面起主导作用取决于水体的污染程度及水文学和生物学特征。

水体自净过程的主要特征：（1）污染物浓度逐渐下降；（2）一些有毒污染物可经各种物理、化学和生物作用，转变为低毒或无毒物质；（3）部分复杂有机物被微生物利用和分解，变成二氧化碳和水。随着自我净化过程的进行，水体中各种污染物的含量逐渐降低，高等生物种类和个体数量逐渐回升，并最终恢复到洁净状态。

不过，水体自净有一个极其关键的问题，那就是水体并不是可以无限量"接受"污染物的，而是有一定的"额度"的。这个"额度"用一个专业名词来说就是水体环境容量。水体环境容量是指水体在规定的环境目标下允许容纳的污染物量。如果我们人为地向水中排入过多的污染物并超过了水环境容量，就会造成水体因来不及"消化"而出现病态（生态学上将其称为"阻滞"），将造成水体的严重污染。如果这种状况得不到及时和有效的改变，那么就会导致恶性循环：水体中的高等生物种类和数量逐渐减少，水体自净功能越来越弱，水质将变得更加恶劣。

通过以上的分析，我们便知道控制排污是保护水体环境的最首要的措施，因为只有这样才能有效地发挥水体的自我净化能力，使水体的环境质量和生态系统朝着一个良性、健康的方向发展，使我们重新愿意站在岸边，欣赏水景，亲近水体。

（金承翔　黄民生）

螺蛳能够净化水质吗？

螺蛳属于底栖动物中的一类，螺蛳的足可以从壳口伸到水底或在水草茎叶上爬行。作为水体生态系统的一个重要组成部分，螺蛳经常被生态环境专家用来评价水体生态系统的健康状况和水环境质量好坏。但螺蛳能否净化水体中污染物也开始受到专家们的关注。

螺蛳的食性很广，其食物包括水生高等植物、藻类、细菌和小型动物及其死亡后的尸体或腐屑。近年来，科学家在实验室研究中已经证实了螺蛳对污染水体中低等藻类、有机碎屑、无机颗粒物具有较好的净化效果。除螺蛳外，还有许多其他底栖动物对水质都有良好的净化效果，如河蚌、牡蛎等等。

近年来，我国专家在长江口深水航道底部放养了约300万只牡蛎。牡蛎从进水管"取水"，靠过滤作用将水中藻类截留、吞食，从出水管出来的水质就已经很干净了。另外，牡蛎可以富集水中的氮、磷和重金属元素等污染物质。可以认为，牡蛎等底栖动物是一种名副其实的"活体过滤器"。

水危机到底有多严重

我们地球是一个蓝色的星球，从太空遥望，地球被水环抱。不错，我们休养生息的地球其表面约有 71% 被水覆盖。然而，你可知道，在这个几乎被水覆盖的星球上，人类真正能够利用的淡水资源仅占地球总水量的约 0.26%。有人比喻说，在地球这个大水缸里，我们可以用的水只有一汤匙。

现在世界人口每年以近 1 亿人的速度递增，各国的工农业生产也在快速发展，相应地人类对水的需求量也在逐年增加。然而，水资源正面临着前所未有的危机。特别是在非洲、亚洲的中部和南部、中东等地区水资源已处于供不应求的状态，而水污染带来的水质型缺水还使得水资源危机雪上加霜。缺水造成了粮食产量降低，工业发展受到限制，居民生活受到影响，生态环境日趋

黄河断流 ▶

恶化。特别是那些跨国境线的江河湖海水资源的开发和利用更引起了国与国之间的矛盾，最典型的就是上游与下游的对峙。1989 年，埃及前外长加利曾指出："埃及的安全保障掌握在尼罗河上游的 8 个国家手中。"目前世界上 40% 的人口生活在横跨两个国家以上的河流沿岸。除了尼罗河以外，跨越印度和孟加拉的恒河上下游的居民都在围绕着水资源的配额进行交涉，有时甚至引发军事冲突。

　　首先是淡水资源总量缺乏和地区分布不均。世界上可为我们所用的淡水资源 65% 集中在 10 个国家里，而占人口 40% 的 80 多个国家却严重缺水。如果一个国家年人均淡水量在 2 000 立方米以下，就是缺水的国家。人均淡水量在 1 000 立方米以下的，是严重缺水国，全世界共有 15 个，其中马耳他年人均水量仅 82 立方米。我们中国虽然水系众多，但是由于人口基数大，造成中国人均淡水量并不富有（仅相当于世界人均水平的四分之一），是缺水国家之一。黄河是中华民族的母亲河，几千年以来，养育了中华民族的文明。但是由于我们不注意保护水资源再加上生态破坏，使得黄河已经难以满足沿岸工农业生产和人民生活的需求。1972年黄河水位的大幅度下降，导致黄河未能入海就干涸了。自1985年以来，黄河几乎年年断流，且每年断流时间越来越长。1997年，黄河断流竟然长达226天！断流的悲剧不仅仅发生在黄河身上，淮河也于1997年被流域内各省市抽干，因断流而未能入海的时间也达到了90天。有卫星照片表明，随着地下水位的下降和泉水干涸，近年来中国有数百个湖泊消失，成千上万的农民发现他们的水井也干涸了。我国每年有400多个城市供水不足，每日缺水1 600万立方米，年缺水量约60亿立方米，其中严重缺水的城市有110个，每年因缺水影响工业产值就达到2 000多亿元。人类对水资源开采、利用与水资源补给的严重不均衡是造成这种恶劣局面的最主要原因。

其次是污染造成的水质型缺水。世界银行最新公布的数据表明，目前世界上有近40%的人口难以喝上洁净水。日益严重的环境污染导致我国许多城市和地区的河流、沟渠、水库、湖泊被严重污染，出现住在水边没水喝的尴尬局面。各种各样的污染物通过饮水等途径进入人体，直接威胁着当地居民的身体健康，地表水因受到严重污染而不再适用于农业灌溉。

水危机已经成为人类社会可持续发展所面临的最大难题之一。当面对日益严重的水危机时，我们应该懂得要做些什么、怎样做了吧，毕竟这个蓝色星球上的可用水资源是极其有限的。

（金承翔　黄民生）

水质型缺水城市

水质型缺水城市如今已经成为一个热门词语。以上海为例，从总量上讲上海是一个水资源丰富的城市，但由于受人类活动（生活、工业、农业等）的影响，本地地表水几乎都受到了不同程度的污染。包括黄浦江在内的大部分水体的水质都达不到饮用水水源的水质标准。此外，目前太湖流域水体和长江过境水水质也有恶化的趋势，加上受海水上溯的影响，使得真正可作为水源的水越来越少，因此说上海是一个水质型缺水城市。

南水北调

～～～～～～～～～～～～～～～～～～～

　　对于许多事物是可以这样做或那样做的，办法总会有的。比如照明，没有电灯，我们可以点蜡烛；没有蜡烛，我们可以点油灯；没有油灯，我们可以点松明火把；连火把也没有，我们只好静静地等待黑夜过去，白天的到来。而对于水就不同了。没有水，我们无法洗脸、刷牙，无法解渴，餐桌上没有了鱼虾，看不到花草树木，不知道什么叫游泳，船舰全部报废，混凝土浇不成，高楼无法建，连小娃娃哭也没有了眼泪……啊，没有水，人类将面临的是怎样的末日啊！

　　如果要说北京缺水程度与地处沙漠的以色列一样，你相信吗？那就让我们来看一组数据：北京水资源总量只有 36 亿～40 亿立方米，人均不足 300 立方米，是全国人均量的 1/8，世界人均量的 1/30。北京市区日需水量约

南水北调中线工程：
丹江口水库▶

250 万立方米，而供水能力仅 240 万立方米，缺 10 万立方米，一遇少雨年份，缺口更大。其实我国北方很多城市都有着和北京相同的窘境。"天津有一怪，自来水泡咸菜"何尝在不同样诉说着华北人民严重缺乏淡水资源的辛酸历史。

　　水资源是关系一个国家社会经济发展的战略性资源，是综合国力的有力组成部分，是国民经济的基础。就我国水资源的可持续发展看，形势十分严峻，水资源空间的分布不均匀是其中突出的问题，即：南涝北旱。因此，通过实施南水北调人为地均衡我国水资源的空间分布势在必行。南水北调是保障我国经济、社会与人口、资源、环境协调发展的战略性宏伟工程。

　　早在 1952 年，毛泽东主席在视察黄河时就提出"南

方水多，北方水少，如有可能，借点水来也是可以的"宏伟设想。1972 年，中国在汉江兴建丹江口水库，为南水北调中线工程的水源开发打下基础。1992 年，江泽民同志提出要抓紧南水北调等跨世纪特大工程的兴建，南水北调的实施被提上国家议事日程。广大科技工作者经过几十年的调研工作，在分析比较了 50 多种方案的基础上，形成了分别从长江下游、中游和上游调水的东线、中线和西线三条调水线路。通过三条调水线路与长江、黄河、淮河和海河四大江河的联系，构成以"四横三纵"为主体的总体布局方案，以利于实现我国水资源南北调配、东西互济的合理配置格局。

东线工程：利用江苏省已有的江水北调工程，逐步扩大调水规模并延长输水线路。东线工程从长江下游扬州抽引长江水，利用京杭大运河及与其平行的河道逐级提水北送，并连接起调蓄作用的洪泽湖、骆马湖、南四湖、东平湖。出东平湖后分两路输水：一路向北，在位山附近经隧洞穿过黄河，输水主干线长1 156千米；另一路向东，通过胶东地区输水干线经由济南输水到烟台、威海，输水线路长701千米。

中线工程：从加坝扩容后的丹江口水库陶岔渠首闸引水，沿唐白河流域西侧过长江流域与淮河流域的分水岭方城垭口后，经黄淮海平原西部边缘，在郑州以西孤柏嘴处穿过黄河，继续沿京广铁路西侧北上，可基本自流到北京、天津，输水总干线全长1 267千米。

西线工程：在长江上游通天河、雅砻江和大渡河上游筑坝建库，开凿穿过长江与黄河的分水岭巴颜喀拉山的输水隧洞，调长江水入黄河上游。西线工程的供水目标主要是解决涉及青、甘、宁、内蒙古、陕、晋等6省（自治区）黄河上中游地区和渭河关中平原的缺水问题。结合兴建黄河干流上的骨干水利枢纽工程，还可以向邻近黄河流域的甘肃河西走廊地区供水，必要时也可向黄河下游补水。

规划的东线、中线和西线到2050年调水总规模为448亿立方米，其中东线148亿立方米，中线130亿立方米，西线170亿立方米。在规划的50年间，南水北调工程总体规划分三个阶段实施，总投资将达4 860亿元人民币。

南水北调工程巨大，要大量投入，工程技术难度相当大。西线工程地处青藏高原，海拔3 000～5 000米，在此高寒地区建造200米左右的高坝和开凿埋深数百米、长达100千米以上的长隧洞，同时这里又是我国地质构造最复杂的地区之一，地震烈度大都在 6～7 度，局部 8～9 度，工程技术复杂，施工困难。因此须必加深前期工作，积极开展科学研究和技术攻关解决这些难点。而且东线和中线还要穿越黄河，其难度之大可想而知。

但是，整个南水北调工程也会给我国带来巨大的效益。东线工程实施后可基本解决天津市、河北省、山东省部分城市的水资源紧缺问题，并具备向北京供水的条件，可以促进环渤海地带和黄淮海平原东部经济发展，并改善因缺水而恶化的生态环境；为京杭运河济宁至徐州段的全年通航保证了水源；使鲁西和苏北两个商品粮基地得到巩固和发展。中线工程可缓解京、津、华北地区水资源危机，为京、津及河南、河北沿线城市生活、工业增加供水 64 亿立方米，增供农业用水 30 亿立方米，大大改善供水区生态环境和投资环境，推动我国中部地区的经济发展。丹江口水库大坝提高汉江中下游防洪标准，保障汉北平原及武汉市安全。西线工程三条河调水约 200 亿立方米，可为青、甘、宁、内蒙古、陕、晋六省区发展灌溉面积 3 000 万亩，提供城镇生活和工业用水 90 亿立方米，促进西北内陆地区经济发展和改善西北黄土高原的生态环境。

南水北调工程"功在当代，利在千秋"，但要使得这项浩大的工程发挥应有的效益，我们要时刻注意节约用水和保护生态环境。

（金承翔　黄民生）

南水北调的积极意义

社会意义：解决北方缺水。增加水资源承载能力，提高资源的配置效率。使我国北方地区逐步成为水资源配置合理、水环境良好的节水、防污型社会，有利于缓解水资源短缺对北方地区城市化发展的制约，促进当地城市化进程。

经济意义：为北方经济发展提供保障，解决北方一些地区地下水因自然原因造成的水质问题，如高氟水、苦咸水和其他含有对人体不利的有害物质的水源问题。促进经济结构的战略性调整；通过改善水资源条件来促进潜在生产力，形成经济增长。

生态意义：改善黄淮海地区的生态环境状况，实现可持续发展；改善当地饮水质量，有效解决北方一些地区地下水因自然原因造成的水质问题，如高氟水、苦咸水和其他含有对人体不利的有害物质的水源问题；有利于回补地下水，保护湿地和生物多样性。

人造的地下暗河

〰〰〰〰〰〰〰〰〰〰〰〰〰〰

　　每当我们洗完澡拔掉水塞时，你可曾仔细想过，我们使用过的水流到哪里去了呢？或许你会说，它们从家里的水池流入了下水道，最后到了污水处理厂进行净化。然而事情并非这么简单，你的答案只答对了它的起点和终点，当中还有一整套很复杂的过程，那就是人造的地下暗河——城市排水管网系统。

　　排水管网简单地说，就是埋设在地底下的一个管道系统，它由许多塑料、金属或混凝土制成的管道组成，目的就是为了把我们日常生活中产生的生活污水、工业生产中产生的工业废水以及雨天地面产生的雨水送到它们该去的地方。现在城市的排水管网按污水、雨水排放的方式主要分为两种：分流制和合流制。分流制顾名思义就是设立雨水和污水两套管网系统，各自有一套独立的管网系统；而合流制则是将两者合而为一，只有一套管网系统。

排水管网其实离我们很近，因为我们家里的下水道就是它的起点。当我们走在马路上时，在马路下面就铺设了一根根管道，而路边的雨水口和一个个窨井也是排水管网系统不可分割的组成部分。可见我们对排水管网其实并不陌生。但是其中的"玄机"到底又在何处呢？其实答案就是我们怎么铺设管道，怎么让它织成一张"大网"。其中的关键就是能顺利地让水流到其归宿，而且所花的钱要最少。

为了让钱花得最少，我们就要充分利用"水往低处流"的客观规律，尽可能地让污水靠重力自己流向污水处理厂、让雨水快捷地汇入到附近水体。但是这里就会有一个问题，如果我们任其发展，那么我们的管道必定越埋越深，这样同样会使整个管网系统的造价上升。因为你越向下挖，所花的费用就会成倍地上升。所以为了不让它越埋越深，我们就必须选好第一点，如果第一点选在地势较高的地方，那么我们整个管网就会利用地势的高低使管道埋得不是太深。这里又有一个矛盾了，第一点不是随便定的，一般来说是定在离污水处理厂最

▼ 大型排水管道施工

远的那个地方。这又牵涉到了一个城市的整体规划的问题了，里面藏着很多学问。

当我们排出的污水在管道里依靠重力向前奔流时，如果管道埋得太深，那该怎么办呢？这时，我们就必须对其采取"强硬措施"——加设泵房。

▲ 大型城市排水泵站

泵房里面设有泵，它是一种动力设备，可以将水提升上去，这样一来水就可以继续它的旅程，而管道也不用埋得很深了。但是泵房运转起来是需要消耗电能的，而且建造泵房同样需要大量资金，因此在哪里设置泵房，设置几座泵房就变得非常重要，这也是排水管网设计中另一"玄机"所在。

另外，让我们来分析一下道路上经常看到的窨井吧。其实这里的窨井包含了两个概念，一个是在污水系统中的检查井，另外一个就是雨水系统中的雨水窨井。两者有相似之处，它们一个很重要的功能就是为了能够检查管道。因为管道在地下走，难免会出现一些问题，譬如堵塞、渗漏等等，如果我们是一根管子通到底的话，那么出现问题我们就真的无从下手了。而有了它们，这一切就变得可操作了，工人们可以清通，也可以下井修补管道。另外，当大小管道接头以及几个方向的来水汇成一根管道或是管道转弯时，我们也需要这些窨井。

　　说到这里，其实只是讲了排水管网中各种"玄机"的一小部分，其实看似简单的一根根管子的连接，其中蕴藏的学问还有很多。我们可以借助计算机技术将我们排水管网设计得更加完美。"涓涓溪流汇成江河"，地下暗河——排水管网默默无闻地为我们的城市日夜工作，它把污水快速输送到该去的地方——污水处理厂进行净化，把雨水汇集到江河湖海，以防止它们在城区泛滥成灾。

（金承翔　黄民生　邓文剑）

污水处理厂

～～～～～～～～～～～～～～～～～～～～

人们已经认识到，只有切断了污水的来源才能真正保证我们水体的洁净。那么如何让我们每天排出的那么多脏水不给水体"添麻烦"呢？建造城市污水处理厂就是最主要的措施。

首先，我们要看看把城市污水处理厂应该放在哪里。城市污水处理厂一般不宜放在人口密集的中心城区，因为其占地面积往往很大，而且由于它接收的全部是污水，难免会产生难闻的气味，所以放在边缘地区会让它对城市居民的影响小一点，最好放在当地夏季主导风向的下方。

选好了地方，我们就要看看它要多大的地盘了。每天需要处理的污水量越大，一般来说它占地就要越大。而处理方法和净化程度也是重要的影响因素，如果你所采用的处理方法不同，在相同处理量的情况下面，也会有一定的差别。净化程度越高，则污水处理厂占地面积也就越大。

最主要的是让我们来了解一下污水在处理厂中是怎样被净化的。一般来说，污水一般通过三种主要的方法（物理方法，生物方法和化学方法）获得净化，这与水体的自我净化过程是十分相似的。下面给大家一一描述。

物理方法主要可以用两个字来概括："分离"。当污水刚进入污水处理厂时，第一道关卡就是一种叫格栅的机器。它像是由一排排"钉耙"组成的，随着机器的转动将水中很大的垃圾比如塑料袋、菜皮、鞋子等等耙上来，将它们和水分离。接下来又是一个分离的过程，这个过程依靠重力的作用，使水中较大的颗粒物特别是沙子沉淀下来，它的名字叫做沉砂池。物理方法中还有一对兄弟，它们的名字只有一字之差——初沉池和二沉池。顾名思义，它们两"兄弟"都是采用沉淀的方法来使水中的固体和水分开的，而且两"兄弟"的位置也不一样。"老大"——初沉池是放在沉砂池的后面，生物处理池的前面，其主要是将水中的有机物去除一部分；而"老二"——二沉池主要是将生物处理池中产生的活性污泥和

▼ 城市污水处理厂一角：曝气生物处理池

水进行分离，而出了二沉池的水质就已经较原来的污水干净了许多。在污水处理厂里还有一种物理的方法，但它的处理对象不是污水，而是污泥。因为污水中的污染物其实并不是凭空消失了，而是大部分"跑"到污泥当中了，

▲ 城市污水处理厂一角：初次沉淀池

所以彻底的污染净化就一定要包括对污泥的处理。未经处理的污泥很稀，不能将它们直接外运，否则不仅运输费用很高，而且也很难进行综合利用。通过物理方法对污泥进行浓缩和脱水是减少污泥体积的最有效方法，经过这样的处理后污泥就干得多了，然后就可以作为堆肥或生产沼气的原料实现"变废为宝"了。

虽然说，物理方法是污水处理的重要技术，但许多污水处理厂的真正核心却是生物处理方法。生物处理法是利用微生物（主要是细菌）来"吃掉"污水中的污染物。由此可见微生物"胃口"的好坏直接影响到了污水处理的效果，由此也产生了许多种处理工艺。许多微生物在处理污水时需要呼吸大量氧气，因此为了让它们能够高效工作，我们就必须向处理池中充入氧气或空气，专业术语就叫曝气。为了曝气，我们还要付出很大的代价，首先，我们要购买曝气设备，例如鼓风机等；其次，

我们还要在其运行时支付鼓风机运行电费，这些都价格不菲。因此，如何在满足微生物需要的前提下提高曝气设备的工作效率，最大限度地降低能耗就是环境工程师需要研究和解决的重要问题。

在城市污水处理厂中，化学方法主要是用于出水消毒，通常的做法是向水中加入一种化学药剂——氯，通过它来有效杀灭出水中的病原微生物，以保证人类健康。氯是一种价格便宜，效果不错的消毒剂。

污水处理厂是一个十分复杂的系统，还有很多奥秘并非一两句话就能说清楚的，这里只是一个很简单的介绍。当然，现有的污水处理厂并非尽善尽美，还有很多问题需要解决和改进，而这和环境工程学科的发展是密切相关的，也是每位环境工程师的工作方向。

（金承翔　黄民生）

不一样的池塘

今天，人们身边的江河的水质不断恶化，一条条又黑又臭的河流使人们渴望亲水的脚步变得无奈。为了保护人类赖以生存的生态环境，我们迫切需要对污水进行妥善处理。除污水处理厂外，我们身边还有一种非常"神奇"的池塘，它也可以用来净化污水，它的名字就叫做氧化塘又称稳定塘。从字面上看，它应该是靠氧化作用来达到污染净化和水质稳定的，但实际上其内部原理要比这复杂得多。

人类应用氧化塘来处理污水已有三千多年的历史，可谓历史悠久，它可以处理多种类型的污水，并且可以在互不相同的气候条件下（从热带到寒带）工作。虽然从外观上看，氧化塘与普通池塘十分相似，但从使用功能和类型等方面分析，两者有许多不同之处。首先，氧化塘的主要功能是处理污水，而天然池塘则主要作为水源或用于水产养殖。其次，氧化塘类型很多，一般按照其中氧含量的高低可分为兼性塘、曝气塘、好氧塘、厌氧塘四种。虽然氧化塘往往利用天然池塘改建而成，但在建造和运行过程中都进行了较多的人工"雕琢"，如在曝气塘中设置动力充氧设备以提高污染的净化速度，厌氧塘一般都挖得很深以保证其对高浓度污水（如食品厂排放的废水）的处理效果。另外，为防止污水渗漏污染周围环境，往往需要对氧化塘进行夯实或在塘底铺砌防水布。

与污水处理厂相比，氧化塘是一类近自然的生态型污水净化设施，具有易于建造、投资少、能耗低、容易操作等优点。当污水从一端流入氧化塘时，大颗粒污染物就会靠沉淀作用迅速沉积到塘底，几乎与此同时水中一些在好氧情况下生存的微生物就在水中有氧气的地方，一边呼吸，一边利用水中的有机污染物作为其"美味佳肴"。而在没有氧气的地方，另外一部分污染物被厌氧微生物作为自己的"食物"，将其消化、降解。那么为什么氧化塘中会存在有氧和无氧的区域呢？那主要是因为水中的浮游藻类及高等水生植物引起的。它们白天可以通过光合作用产氧向水中提供氧气，使得水体处于富氧状态。但到了夜间由于光合作用停止和各种生物耗氧呼吸的结果，使得整个氧化塘处于缺氧甚至厌氧状态。氧化塘这种好氧—厌氧环境共存、溶解氧含量昼夜交替变化的特点，为含氮污染物从水体中去除创造了十分有利的条件。另外，高等水生植物的遮光作用及水生动物对浮游藻类的滤食等作用，都可以有效地控制氧化塘内"水华"的发生，加快污染物的净化与输出。

▲ 氧化塘——不仅处理污水，而且可以养殖鱼类

不仅如此，在氧化塘内还存在着一个"宝物"——氧化塘的底泥。今天，我们开始注重发展生态农业、生产绿色食品，而土壤质量是发展生态农业、建设绿色食品基地的基础。增施有机肥是提高土壤质量的根本保证之一。有机肥可以提高土壤微生物活性，增强土壤肥力，提高农产品质量。但目前由于农业机械化的发展，农民获取有机肥的途径越来越少，农用有机肥的严重短缺将成为今后制约绿色食品发展的主要因素。而氧化塘中的底泥却可以为此提供一条解决之道。氧化塘底泥中有机质、全钾等养分含量高于其他有机肥，氮和磷含量略低于有机肥，有利于土壤养分的增加和农作物生长。由此可知氧化塘底泥可以制成安全、高效、适合绿色食品基地应用的有机肥。开发氧化塘底泥使之资源化，变废为宝制成有机肥，既解决了底泥造成的环境污染问题，又可提高农田土壤有机质含量，改善土壤结构，提高土壤微生物活性和肥力，促进农作物的增产、增收、增质。它是发展生态农业、建设绿色食品基地不可缺少的新肥源，应加大开发

研制力度，使之产业化。自古以来，我国就有"桑基鱼塘"的成功范例。我们应当向祖先学习，利用自己的"一双慧眼"从大自然中不断发现、探索解决环境污染治理的新方法。

（金承翔　黄民生）

 ## 知识链接

氧化塘系统

好氧塘是指塘水中溶解氧浓度较高（大于 1.5 mg/l）时，好氧微生物分解流入水中有机物的方法。厌氧塘用于较高 BOD（生化需氧量）的污水预处理，以减轻后续氧化塘处理的负荷。兼性氧化塘上层是好氧性，下层是厌氧性，一般深 0.6～1.5 米。由厌氧塘—兼氧塘—好氧塘组成的氧化塘系统处理污水具有节省投资、节省能耗和管理简单等优点。我国开发的生态氧化塘，在兼氧塘、好氧塘养鸭、养鱼或培养某些水生植物，在整个氧化塘系统内建立起相互协调的"食物链"，提高污水处理效果，被认为是有应用价值的技术。

活水公园

～～～～～～～～～～～～～～～～～～～～

　　成都活水公园已经正式对游人开放了。作为世界上最早以"水保护"为主题、展示国际先进的"人工湿地系统处理污水"的城市生态环保公园之一，它模拟和再现了在自然环境中污水是如何由浊变清的全过程。当游人走过厌氧池、兼氧池、植物塘床系统、养鱼塘、戏水池，陶醉在大自然的美妙和谐中时，便在不经意间阅读了大自然关于清水再生的"自述"。

　　活水公园所依的府南河具有 2 000 多年的历史，是养育成都人民的母亲河。但随着近几十年城市快速增长的人口和工业化的发展，那条曾经可供人们垂钓、浣纱的涓涓清流渐已消失了，代之的是一条"藏污纳垢"的臭河，受污染的河流带来的是沿岸居住环境的迅速恶化。

　　一个完全应用了生态净水新观念并在府南河边上建

起的"活水公园",使人们看到了府南河水重新变清的希望。它不仅成为一个休闲娱乐的公园,同时,也是一个通过人工湿地来进行水处理的"设施",一个向人们传授大自然如何净化水质的活课堂。从空中鸟瞰,整个活水公园的外形就似一条大鱼,它日日夜夜在为河水变清默默地工作着。

第一步:混浊的府南河水由水泵送到一个"厌氧沉淀池",这是进行"活水"净化的第一道工序。送入池中的河水一方面经物理沉淀作用,使水中比水重的悬浮物慢慢地沉到池底。在水中还有一道重要的机关——排泥管,沉下来的悬浮物就通过它排出。而比水轻的悬浮物则浮于水面,由人工清理。另一方面河水中有机污染物经池中的厌氧微生物分解成甲烷、二氧化碳等气体排入大气,或成较低分子有机物随水流出,进入下一道净化程序。这是很重要的一步,因为水中的有机污染物对于微生物来说是它们的"食物",但"食物"也有好"吃"和不好"吃"的。高分子有机物对于它们来说并不好"吃",而且有些是不能"吃"的。然而,转化后的低分子有机物对于微生物来说犹如美味佳肴一般。因此为了让微生物能够吃掉更多的有机物,我们就要将不好吃或不能吃的有机物变成美味佳肴,这也就是为什么这一步很重要的原因了。

第二步:经过初步沉淀的河水,流入一串形似花瓣的莲花石溪,称为"水流雕塑"。它巧妙地引入水力学原理,利用落差产生的冲力,使水在一个个石花瓣中欢跳。

这一方面极富动感和观赏价值，同时使水在回旋、震荡中充分地获得了大量溶解氧，以便为后面微生物的呼吸提供足够的氧气。

第三步：河水通过水流雕塑后，进入微生物处理池，也叫"兼氧池"。河水里的部分污染物在这里进一步被池中微生物"吃掉"或氧化分解。经过这一步后，河水便要进到植物池了。

第四步：植物池是一个人工湿地生态系统，它是"活水公园"水处理工程的核心部分，由6个植物塘、12个植物床组成，其中种植的植物达数十种，包括：漂浮植物（浮萍、紫萍、凤眼莲）、挺水植物（芦苇、水烛、茭白、伞草、菖蒲、马蹄莲、灯心草）、浮叶植物（睡莲）、沉水植物（金鱼藻、黑藻）等，还有多种鱼类、昆虫和青蛙等动物。

水流进入人工湿地区，这里的芦苇不是长在土里，而是长在石头上。水从石头之间流过，污染物就被阻留、吸附住了。岩石有吸附的作用，而且石头上也生长着大量微生物。它们将污染物分解成为对植物可以利用的营养物。枯萎或过多生长的植物通过收割或食草动物的"消费"从湿地中清除掉。因此，人工湿地对河水的净化作用实际上是通过这种生态链对污染物的输出过程完成的。

第五步：在活水公园中得到彻底净化的河水从这里返回到府南河。在活水公园与府南河连接的堤岸边，人们可以亲身体验与大自然、与净化后的清水直接接触的感受。活水公园已成为人们最喜爱的去处，更是开展生态环境教育的理想场所。

活水公园的成功设计向人们演示了污水如何通过生态手段得以净化的过程。这个由艺术家、科学家和公众一起参与设计，寻求创造一种"表达水环境净化的语言"的工程，旨在重新找回曾经失落的与水相关的城市精神并为以后的人居环境建设提供一种参考、借鉴。

（金承翔　黄民生　武琳慧）

 知识链接

活水园水处理工程核心

由6个植物塘、12个植物床组成。污水经沉淀、吸附、氧化还原、微生物分解等作用，达到无害化，成为促进植物生长的养分和水源。此外，对系统中的植物、动物、微生物及水质的时空变化设有几十个监测采样管，便于采样分析，为保护湿地生态及物种多样性的研究提供了实验场地。人工湿地的塘床种植的漂浮植物有浮萍、紫萍、凤眼莲等；挺水植物：芦苇、水烛、茭白、伞草等；浮叶植物：荷花、睡莲；沉水植物：金鱼藻、黑藻等几十种，与自然生长的多类鱼、昆虫和两栖动物等构成了良好的湿地生态系统和野生动物栖息地。

人工浮岛

近年来我国的许多湖泊都出现了严重的富营养化问题。这些污水犹如毒药一般，慢慢地侵蚀着湖的健康水体，使它们加速衰老，生态系统遭到严重的破坏。许多科研人员开始投身到帮水体"解毒"的工作中来，我们称这类工作为水体修复。经过多年的研究，人们逐渐将生物修复技术作为水体环境质量改善和生态恢复的研究重点。

近年来生物修复技术发展很快，在国外已经有了许多工程化应用的实例。与其他技术相比，生物修复具有以下优点：首先是应用效果好。其次，工程造价相对较低，低耗能，运行成本低廉。人工浮岛是现在研究与使用较多的水体环境修复方法之一。

人工浮岛一般由浮体及在浮体上生长的植物组成。

浮体材料有多种多样，如竹材、木材、塑料、废弃的橡胶轮胎等。人工浮岛是怎样修复富营养化水体的呢？首先，浮岛植物发达的根系在水中将形成浓密的网，其表面积很大，可吸附大量悬浮物，并逐渐形成生物膜，靠其中的微生物降解和吞噬作用净化水中的污染物。其次，浮岛植物在生长过程中能够有效地吸收、利用水中的氮、磷污染物。另外，人工浮岛通过遮光作用来抑制水体中浮游藻类的生长繁殖，可有效防止"水华"发生，提高水的透明度。

实践经验表明，应用人工浮岛技术既净化污染、美化景观，又能缓解土地资源紧缺的矛盾，收获的水生植物还能产生一定的经济效益。人工浮岛还为鱼类产卵、鸟类栖息提供了良好场所，有利于增加水体生物多样性，促进生态恢复。日本琵琶湖的修复经验表明，在人工浮岛的下面聚集着大量的各种鱼类，且大多为幼鱼，通过在浮岛的下面系上一些绳子可以强化人工浮岛作为鱼类产卵床的功能。一些科学家对浮岛上栖息的鸟类及其筑

巢情况等也进行过调查。例如，在日本霞浦土浦港的人工浮岛上，已发现一些鸟类的巢穴，有时为了吸引某种鸟在岛上搭窝，可以根据它们的筑巢习惯在浮岛上进行特殊布置。

▲ 用于水污染治理和生态恢复的人工浮岛

美人蕉、水竹（旱伞草）、水烛、水龙、水稻、香根草、黑麦草及水芹菜、空心菜等水生或湿生植物都可以在人工浮岛上栽培、种植。近年来，人工浮岛在水体环境治理与生态修复中应用实例越来越多。广东省高明市等地利用深水鱼塘特别是富营养化严重的基塘进行浮床栽培水稻，既可吸收营养盐净化水质，又可为鱼提供青饲料，做到种稻养鱼两不误，形成生态经济良性循环。而缅甸的茵莱湖人造浮岛则更是别有一番景观。据资料报道，这些人工岛屿分布在大约 145 平方千米的广阔水面上，它们随着湖水的涨落而升降，也会随着湖水的飘荡而移动。这样的人工小岛大的有 3 000~4 000平方米，小的只有一个平方米那么大。有的浮岛用竹篱固定在水面上，有的浮岛可以用船来牵引，任人移动。几个浮岛连成一个村庄。在茵莱湖上，这样的村庄有几十个呢！当地的茵莱族人就居住在浮岛上。岛的底层是湖中丛生的水草浮萍、树枝藤蔓以及各种腐殖质。这些漂浮物互相交织在一起，连接得十分牢固。茵莱人在这上面盖上 1.2 米左右厚的湖泥，就建成了大小不等的岛屿了。茵莱人生活在这些浮岛上可自在啦。他们世世代代在浮岛上面种植庄稼，收获瓜果、蔬菜和粮食。由于岛上的土肥，作物生长十分茂盛。岛上是农田，岛下就是茵莱人的水产基地了。鱼虾往往喜欢栖息在岛下，正好为岛民提供了丰富的水产品。岛民们割稻摘瓜、捞鱼摸虾，煞是有趣。这样，人、植物、鱼虾、鸟类、昆虫等便在浮岛上形成共生，使得它们成为具有勃勃生机的水上花园。

（金承翔 黄民生 徐 雁）

废水回用

如前所述，我国的水危机问题十分突出。除人均拥有水量很少、水资源空间分布极不平衡外，水质型缺水也已成为我国的水资源危机重要问题。废水回用是解决我国水危机、控制环境污染的有效手段，真可谓一举两得。

但要彻底理解废水回用的概念及其重要意义，还得需要我们辩证思考、深化认识废水问题的二重性，那就是废水既是一种灾害，同时又是一种资源。因此，我们学会从废水中"挖宝"，即回收利用废水中有用物质以及水资源本身。这也是目前广为倡导的循环经济理念的基本要求。

其实，废水回用在我们身边随处可见。就拿日常生活中排出的洗涤废水来说吧，如果你将它用于冲洗厕所，那就是对废水进行了一次再用，如果你进一步将粪便污水用于浇花、种菜，那就说明你对废水进行了二次综合利用。工业生产中又何尝不是如此呢？火力发电厂、石油化工厂等企业都需要用大量的水来冷却机组、设备，但这些冷却水并不是使用一次后就排放到环境中，而是循环利用许多次，这不仅可以减轻对水环境的污染和缓解水资源的紧张问题，还可以减少水处理的费用和处理过程中的动力消耗，可谓"一箭双雕"。从根本上，各种污水处理厂和污水灌溉系统也是废水回用的重要工程措施，而宇航员在太空中喝的只能是再生水！

既然废水回用已经有了这么多现成的例子，那为什么还要研究和探索这个问题呢？这主要是基于以下两点考虑：其一，目前我国的废水回用率总体上还不高；其二，废水回用的安全性问题还未引起足够重视。

世界上一些国家十分重视废水回用，如以色列城市废水回用率高达 95%，美国缺水的西部地区的城市污水处理厂都被称为城市废水再生厂，其出水的回用率很高。"处理"和"再用"虽仅两字之差，但却反映出人们对废水问题认识上的本质性差异。调查结果表明，发达国家工业用水的重复利用率已经达到了 75%～85%，而中国平均只有 30%～40%，城市污水的回用率就更低。由此可见，我国在废水回用上还大有潜力可挖。

在我们进行废水再用时，一定要科学评价废水回用的安全性并采取相应的对策。例如，废水再用于工业生产时，应该评价会不会使工业产品质量下降和引起生产设备的损坏，废水回用于农田灌溉时应该评价会不会污染我们的农产品等等。所以，我们在实施废水回用时一定要谨慎行事，必须满足"三无一准"的基本要求：（1）对人体健康应无不良影响；（2）对环境质量、自然生态应无不良影响；（3）再用于工业生产时，对产品质量应无不良影响；（4）水质应符合各类使用规定的水质标准。

这样看来，采用什么样的废水回用技术，应该根据水量、水质和它的用途来确定，不能一概而论，否则不仅可能会浪费很多资金，还可能使再生水根本无"用武之地"。下面，让我们来看两个例子：

（1）农业灌溉的再利用

废水再用于农业灌溉，就需要看它的含盐量、毒性、氮、重碳酸盐、pH 值等方面的指标能否达到要求。未经处理的原污水一般是不允许以任何形式用于灌溉的。否则，粪便聚集在农田里，可能直接影响农民的健康，还会滋生蚊蝇，传播病原体。此外，虽然附着于蔬菜表面的细菌、原生动物和蠕虫等经过阳光照射会很快死亡，但位于蔬菜叶子内部、茎的开裂处或潮湿的下层土壤中的病原体可以残留较长时间（如伤寒杆菌在潮湿的下层土中可存活数月）。过去，许多国家和地区在进行污水灌溉方面都曾有过惨痛的教训。

（2）城市方面的再利用

我们把城市方面的再用分为有限制再用和无限制再用两种。

有限制的再用，通常是指把经过处理的废水用于消防、公园、花园、高尔夫球场的灌溉与冲洗厕所等。虽然这类再用在化学指标方面的要求比饮用水要低得多，但它要求必须不含有病原体或其他细菌。因为有管道误接或偶然用于饮用的危险，所以这类再用对废水的处理和消毒的要求还是较为严格的。这样，一个城市需要有两套供水系统才能实现废水的有限制的再用。这就需要从经济学的角度，通过"投入—效益"的分析来决定。一般来说，对于已建好供水系统的地区，建立双给水系统是有可能会造成资金浪费的。

无限制的再用，是指经深度处理的再生水直接用于生活上的消耗。这种形式的再用，现在仍很少采用。因为它要求再生水水质符合饮用水水质标准，对处理的技术要求很高，所需要的处理成本就更不用说了。

随着国家对水危机问题的日益重视和公众环保意识的逐渐提高，近年来我国废水回用事业获得了快速发展。其中，中水工程建设就是一个很好的例子。那么什么是中水呢？从字面上看，中水就是介于上水与下水之间的水。我们知道，在城市里通常将自来水称为给水或上水，而将污水称为排水或下水。这样说来，中水起到了承"上"启"下"的作用，从本质上讲它实际上已经成了"废水回用"的代名词，即：中水就是经过了处理后又回过来重新利用的那部分污水或废水，上水、中水、下水在居民楼或居住小区甚至整个城市里构成了一个人工水资源循环利用系统。广义地理解，城市污水处理厂也算是典型的中水工程。

20 世纪 80 年代末以来，我国在缺水的华北地区率先开展中水工程建设，并快速发展到全国其他地区。自北京市颁布"中水设施建设管理试行办法"以来，目前北京市每天回用再生水超过 30 万立方米，再生水回用率达 15%，再生水管线达到 126 千米。

▲"污水土地处理——既保护环境，又回用水资源"

除废水回用外，城市雨水的深化利用潜力也很大。美国加州建设了十分庞大、完善的"水银行"，可以将丰水季节的雨水通过地表渗水层灌入地下，蓄积在地下水库中，供旱季抽取使用。日本、德国大力发展城市屋顶及居住区地面的雨水收集系统，供城市杂用水及绿地灌溉之用。

由此看来，废水回用还大有文章可做，我们应该密切关注它的发展，并从身边的小事做起——倡导节约用水、开展一水多用、深化废水回用、重视再生水安全使用，为解决我们共同面对的水资源危机做一点贡献。

（金承翔　黄民生）

自来水真是"自来"的吗

～～～～～～～～～～～～～～～～～～～～～

　　我们每天的生活几乎都是从使用自来水开始的。"自来水"——一个很有趣的名字，打开水龙头，干净的水就流出来了。但是你是否想到过，自来水真是"自来"的吗？这得从给水工程说起，它包括取水工程、水净化工程（自来水厂）和输送管网三大部分。

　　首先是取水工程。我们通常将自来水厂取水的地方称为水源地，无论是地表水源或是地下水源都必须满足两个基本要求：足够多的水量和足够好的水质。但实际上事情往往并不尽如人意，特别是城市附近水体一般都污染严重。这样一来，自来水厂就不得不把"手"伸向较远的地方取水，原水只有通过很长的管道输送才能到达水厂。很明显，这样做是以大量的工程投资和高昂的动力费用为代价的。这就是自来水并非"自来"的道理之一。

其次，就是水净化或水处理工程，亦即自来水厂。当原水从水源地通过管道输送到自来水厂以后，就要投加一类被称为混凝剂的化学药品。这些药品可以使得水中一些比较小的颗粒

▲ 具有 100 多年历史的上海杨树浦自来水厂一角

物（是造成水质浑浊的主要成分）互相紧靠在一起，形成较大的颗粒物，这样一来可以使它们通过沉淀快速地从水中分离出来。从沉淀池流出的水和原水相比，从外观上看就已经干净多了。但是它离我们的要求还有很大差距，还有一些我们肉眼不太容易发现的小颗粒以及细菌、病毒等等，所以还必须进行进一步的处理。这就需要滤池和消毒设备了。滤池中装了不同粒径的滤料（如石英砂、活性炭颗粒等），当水流经过时，滤料会对水中更加细小的杂质进行拦截和黏附，使它们被滤料"套牢"。流过的水越多，被滤池截留的杂质也就越多，慢慢地，滤料就会变得越来越脏，最后就会没有办法使用了。所以要定期对滤料进行冲洗。滤池出水基本上已经做到了清澈见底，但仍含有少量对人健康有害的病原体。因此，还必须对自来水实施最后一道"手术"——消毒。一般来说，可以采用在水中投加氯的方法来有效地杀灭

▲ 自来水厂絮凝沉淀池

其中的病原体。由于水从自来水厂出来到我们每家每户还有很长的一段路要"走"，而且在"路途"中还有可能滋生细菌，因此为了确保用水安全，就必须保证自来水含有一定量的余氯。当水源受到严重污染时，自来水厂还要增加生物预处理及活性炭精处理等净化措施。由此可知，自来水的净化过程不仅十分复杂，而且还需要大量的管理、药剂和动力费用。这就是自来水并非"自来"的道理之二。

最后，就是要把自来水厂的出水通过错综复杂的管网输送到千家万户。这同样是一个十分浩大的工程，因为我们需要敷设成百乃至上千千米的输水管道，还必须借助于水泵等动力设备的提升作用才能把水送到用户——哪怕你住在万丈高楼！否则水就没有办法从水龙头里流出来了。这就是自来水并非"自来"的道理之三。

从上面的整个过程我们可以看出，自来水并非真的是"自来"的。知道了自来水如此的来之不易，所以我们一定要厉行节约用水。

（金承翔　黄民生）

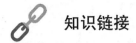

知识链接

自来水博物馆

地址：东直门北大街甲6号

建馆时间：2000年12月

镇馆之宝：来水亭、烟囱等

在东直门北大街，东、北二环路衔接的地方，有一座北京市自来水博物馆。这里中西合璧的建筑十分有名，已经被列为近现代优秀建筑之一，不允许擅自拆除。自来水博物馆是在原京师自来水股份有限公司原址上建立的。兴建京师自来水股份有限公司，始于1908年，距今已整整有一百年的历史了。

环保技术新星——膜分离

随着科学的发展，在环境保护中所采用的技术也是日益先进，膜分离技术就是近年来兴起并被誉为是 21 世纪最有发展前景的高新技术之一。实际上，膜分离技术已经深入到了我们的日常生活中，你每天喝的瓶装水或桶装水基本上都是经过膜分离净化的！

在环保领域，膜分离技术的使用已成为一种发展趋势。目前，全球已运转的日处理量超过 1 万吨的采用膜技术处理的饮用水处理厂，美国有 42 个，欧洲有 33 个，大洋洲有 6 个，规模最大的在法国，日处理能力为 14 万吨。英国近期即将投产的一个采用膜技术的水处理厂规模将达每天 16 万吨。日本正考虑在横滨建设一个规模达每天 20 万吨的饮用水处理厂，美国也计划建造一座日处理 100 万吨的膜技术饮用水处理厂。

膜分离技术，其关键是那张神奇的"膜"，它是一种特殊制造的、具有选择透过性能的薄膜，在外力推动下对混合物进行分离、提纯、浓缩的一种过程。其中所采用的薄膜必须是很挑剔的，必须具备使有的物质可以通过，而另外一些物质不能通过的特性。膜的材料可以是有机的或无机的。推动膜分离过程的外力可以是压力差、浓度差、温度差等。

▲ 水处理膜分离组件

高分子材料学科的发展，为膜分离技术的研究和应用提供了许多种具有不同分离特性的高聚物膜材料。电子显微镜等近代分析技术的进展，为膜的形态及其性能分析和制造工艺的研究提供了有效的工具。由此我们也可以看出环保的学科交叉性。

1950年，人们推出第一张具有实用意义的高分子材料分离膜，使苦咸水和海水得以淡化。1960年，新的制膜工艺被发明出来，由此制成的反渗透膜同时具有高脱盐率和高透水率的优点，进一步拓展了苦咸水和海水淡化的应用市场。

目前，微滤、超滤、纳滤、反渗透等膜分离技术在众多领域得到了广泛应用，成为替代传统分离技术，提高产品质量的重要手段。以饮用水处理为例，随着工业的发展，天然水中的农药和"三致"（致癌、致畸、致突

变）污染物不断增加，而这些物质都是传统处理技术很难除掉的。因此，为了保证人民饮水的安全，发达国家已开始将膜分离技术大规模应用于饮用水处理。

在废水处理方面，膜分离技术的应用也十分广泛。值得一提的是，由于在膜分离过程中不加入任何其他物质，因此膜技术净化废水的过程同时也使有用物质"原汁原味"地得到回收。比如，采用超滤膜处理电泳漆废水，不仅处理后的水可以回用于清洗工段，而且分离出的涂料也可以回用；采用纳滤膜处理染料废水，不仅可以净化水，还可回收染料。

20世纪60年代以来，膜分离技术的研究与开发一直受到各国政府和工业、科技界的高度重视。许多国家建立了与膜分离技术开发密切相关的专业研究机构。例如，欧盟将膜技术列为21世纪9个优先发展的方向之一，仅水处理膜技术一项每年就投入3亿法郎用于研究、开发；美国陶氏、杜邦等大公司也已对膜分离技术的开发计划进行相应调整，增加了投入力度，加快了研发步伐；日本从1992年开始实施"MAC21"计划，对微滤和超滤膜应用于水处理进行大规模研究。

随着膜分离技术越来越广的应用，人们对具有更好耐酸碱、耐热、耐压、抗氧化、抗污染和易清洗性能的高聚物膜、无机膜和生物膜材料的需求量也越来越大。

（金承翔　黄民生）

 知识链接

膜分离的优点

1. 在常温下进行。有效成分损失极少，特别适用于热敏性物质，如抗生素等医药、果汁、酶、蛋白的分离与浓缩。

2. 无相态变化。保持原有的风味，能耗极低，其费用约为蒸发浓缩或冷冻浓缩的 1/3—1/8。

3. 无化学变化。典型的物理分离过程，不用化学试剂和添加剂，产品不受污染。

4. 选择性好。可在分子级内进行物质分离，具有普遍滤材无法取代的卓越性能。

5. 适应性强。处理规模可大可小，可以连续也可以间隙进行，工艺简单，易于自动化。

碧水工程

～～～～～～～～～～～～～～～～～～～～～～

　　面对一条条乌黑发臭的河流、剧毒无比的"藻华"湖泊，我们该怎样运用聪明智慧和不懈的努力来使它们重现"鱼翔浅底，百舸争流"的美景呢?! 请实施碧水工程吧! 广义地说，碧水工程包括的内容很多，如污水处理、废水回用等都可以算在其中。但这里要给大家介绍的是污染水体环境治理与生态恢复工程。如下以上海市苏州河综合治理为例简要地介绍碧水工程在我国的实施情况。

　　苏州河（又名吴淞江），全长 125 千米，上海境内长 53.1 千米，其中市区段长 23.8 千米，是联系太湖与黄浦江的主要水道之一。苏州河具有泄洪排涝、航行运输、工业用水、农田灌溉、水产养殖、调节小气候、休闲娱乐、景观改善等多种功能，沿岸城市居民约 300 万人。

　　从 20 世纪 20 年代苏州河开始受到污染，随同上海的开埠和经济的不断发展，沿岸居民和各种工厂、作坊、码头、仓库、商业市口迅速密集，并不断向两岸腹地扩展，她在孕育上海经济发展的同时，也接纳了两岸的污水，积淀了大量的污染底泥，水体污染逐渐加剧。黑臭的苏州河水和两岸杂乱简陋的建筑不仅严重制约了沿河的经济发展，恶化了市民的居住环境，同时也损害了上海这个国际性大都市的形象，整治苏州河是上海市一千多万人民的迫切愿望。

苏州河治理工作自20世纪80年代以来陆续展开。其主要治理措施包括"截污治污；综合调水；水清岸绿；生态恢复"等几个方面。

截污治污：造成苏州河黑臭的最主要原因是其长期、超量地接纳各种污染物。因此，治理苏州河的首要任务是截除其沿岸各种外来污染源，包括生活污水、工业废水、城市垃圾等等。近10年来，上海市通过实施苏州河水系污水外排工程，将每天几百万吨的各种污水输送到长江口或东海沿岸的几个特大型污水处理厂进行净化。除此之外，还通过拆除环卫码头（包括垃圾码头和倒粪站）、打捞水葫芦、收集过往船只的生活垃圾、疏浚重污染底泥等措施减少外源和内源污染。截污治污工程极大地降低了苏州河的污染负荷，为快速消除黑臭提供了根本保障。

▼ 河道底泥疏浚船

综合调水：古人云："连则通，通则畅，畅则活，活则清"，古人又云："流水不腐"。综合调水就是让苏州河干流乃至整个水系活起来。苏州河位于东海之滨，是一条感潮河流，受潮水顶脱作用，中下游污水在河道中长期游荡徘徊，是造成河水黑臭难以消除的原因之一。实施苏州河综合调水工程的目的在于利用水利工程设施综合调度水资源，改变苏州河的水动力条件（将潮汐往复流改为单向流），强化苏州河水体向外置换和自我净化能力，改善水质和促进水体良性生态循环。综合调水工程实施以来发挥了显著的工程效益，使得苏州河市区段基本消除了黑臭，苏州河与黄浦江交错带的色差也基本消失。作为苏州河干流调水工程重点建设内容之一，吴淞路桥闸建成以后，将在河口区形成一道人造瀑布，不仅新增了一处水体景观，而且向水体中输送大量的氧气，加快了污染物的净化。

水清岸绿：在截污治污、综合调水工作的基础上，水清岸绿是苏州河综合整治二期工程的主要实施内容，其目的在于：进一步提高苏州河水质（从消除黑臭到逐步实现水质清澈）；改善水体及沿岸城区的整体面貌和景观质量，恢复河流的休闲娱乐等功能。据悉，苏州河沿岸正在规划建设一批大型绿地和生态公园。例如，已经建成并向市民开放的梦清园工程在苏州河综合整治中起到了重要的示范作用。梦清园位于苏州河中心城区段南岸，与中远两湾城隔岸相望，占地近 10 公顷，是上海最大的一个活水公园。在公园西南侧苏州河水从取水口源源不断地输送到园内，首先经过折水涧，高在这里河水中许多悬浮污染物通过沉淀作用得以去除，同时折水涧通过水流跌落形成了多处小型景观瀑布，提了河水氧气含量。然后，通过水生植物（芦苇、伊乐藻、苦草等）、水生动物（螺蛳及河蚌等）、微生物及曝气增氧

▲ 水培蔬菜池净化富营养化河水

气增氧等多种技术措施进一步净化河水中的污染物。最后，清澈的河水经水泵提升后由一个高架的空中水渠分流到园内各处，作为各个水景小品"蝴蝶泉"的补水和花草树木的浇灌用水，最终回流到苏州河。梦清园工程的建设和运行充分体现了"水养绿，绿净水"的生态治水理念，生动地向市民演示了水体生态净化的过程。除此之外，梦清园工程还将目前国际大城市普遍采用的大型雨水调蓄池第一次引入上海，该调蓄池设置在梦清园大型绿地下面，有效容积达 2.5 万立方米，建成以后可以把大量雨水（特别是含有较多污染物的初期暴雨径流）蓄积池中，一方面可以减轻苏州河的防汛压力，另一方面可以达到雨水沉淀净化作用。另外，梦清园内有原上海啤酒厂的一处酿造楼和一处灌装车间，建于 20 世纪 30 年代，历史及美学价值很高。在梦清园建设中，这两处建筑都保留了下来，正在改建成上海水环境展示中心和上海啤酒文化沙龙。由此可见，梦清园工程不愧为苏州

河综合整治工程的典型缩影，真正实现了水质净化、景观改善、环境教育、休闲娱乐等多功能价值。

生态恢复：经过 10 多年的综合整治，苏州河干流不仅摘除了黑臭的"帽子"，其整体水质指标也正在逼近景观水体质量标准。近年来，随着划龙舟大赛等水上运动的相继开展及沿岸游艇码头的规划建设，黑臭了 80 多年的苏州河正一天天地亮丽起来！但这是不是说苏州河综合整治工程就已经结束了呢？答案是否。苏州河综合整治远未"大功告成"。从国外的实践经验看，只有当水体生态系统实现了良性恢复，河流治理才算彻底完成。生态恢复是河流治理的最后一步，具有十分重要的作用和意义，主要体现在：恢复良好的水体生态系统结构是发挥水体的自净功能，实现水环境质量长治久安的根本措施。但生态恢复是一个极其漫长的过程，遭受了几十年污染的苏州河，要把她严重退化乃至崩溃的水体生态系统实现彻底恢复也起码需要几十年的时间。英国伦敦的泰晤士河和法国的塞纳河是经过了几十乃至近百年的治理才使得三文鱼、大马哈鱼这些在十分干净的水体中才能生存的鱼类重新回到了河水中。同样地，只有在苏州河中发现了本地鱼种如松江鲈鱼等后，才意味着苏州河的生态环境真正得到恢复。碧水工程任重道远！但我们有理由相信：再通过几十年的不懈努力，一条"水清木华、鱼翔浅底"的新苏州河将必定展现在人们面前！

（黄民生　李孔燕）

是什么让我们的呼吸都变得沉重

~~~~~~~~~~~~~~~~~~~~~~~~~~~~~~~~~~

在地球的外表，包围着一层厚厚的大气，通常叫大气层。整个大气层的厚度约 1 000 千米。紧贴地面的大气层叫对流层，平均厚度约 12 千米，这里集中了大气质量的 79%，许多复杂的天气现象都发生在对流层里。人类一刻也离不开大气，人需要呼吸新鲜的空气来维持生命，一个成年人每天呼吸三万次左右，吸入的空气量为 12～16 立方米，其质量相当于每人每天食物量和饮水量的几倍。没有大气就没有地球上的生命，就没有生机勃勃的世界。人类生活在对流层中，因此对流层的环境质量对我们的影响最为显著。

工业文明和城市发展在为人类创造巨大财富的同时，也把数以十亿吨计的废气和废物排入大气之中，人类赖以生存的大气圈几乎成了空中垃圾库和毒气库。"走路眯着眼，吃饭捂着碗，睡觉盖着脸"已经成为一些空气严重污染地区新时代的民谣！人们不得不思考：是什么使得我们每天呼吸的空气变得如此肮脏？

答案就是：大气污染，它正在影响我们人类和其他生物的健康，腐蚀材料和建筑物等等。

如下以飘尘为例谈谈大气污染的危害性。

飘尘是污染大气中颗粒物的一种类型，是指粒径在10微米以下的固体颗粒物，它们能在空气中长时间悬浮，易通过呼吸侵入人体的肺部组织，因而对人体健康危害较大。

首先，飘尘能够长驱直入侵蚀肺泡，称为"可吸入微粒"。在被人体吸入的飘尘中，一部分随呼吸排出体外，一部分沉积在肺泡上。沉积数量随微粒的直径减小而增加，其中1微米左右的微粒80%沉积于肺泡上，且沉积时间也最长，可达数年之久。大量飘尘在肺泡上沉积下来，可引起肺组织的慢性纤维化，使肺泡的机能下降，导致肺心病、心血管病等一系列病变。

其次，飘尘是多种污染物的"吸附剂"和"催化剂"，它吸附的物质极为繁多。其一是有机污染物，它们绝大多数吸附在固体颗粒上，特别是一些有致癌作用的多环芳烃几乎全部吸附在5微米以下的小颗粒上。据上海市对其大气颗粒物中有机物的监测结果，共检出300多种有机物，其中包括78种多环芳烃，16种含氧杂环化合物，这些化合物中有不少可能具有强烈的致癌、致畸、致突变的作用。其二是各种金属化合物及放射性物质，这些物质侵入肺部组织后，可引起各种金属中毒或放射性污染的疾病。其三是硫酸盐及硝酸盐，它们主要是硫和氮的氧化物同水或金属化合物作用而生成的。空气中的二氧化硫常常被飘尘吸附，飘尘中的金属可将二氧化硫催化氧化，并与水作用形成硫酸雾，其毒性比二氧化硫高 10 倍。这样的微粒吸入肺部组织后，会引起肺水肿和肺硬化等病变，严重时可以致人死亡。著名的伦敦烟雾事件就是由于高湿度条件下空气中高浓度二氧化硫和飘尘协同作用造成的。

飘尘还能散射和吸收阳光，降低大气能见度。如城市接受的阳光辐射平均比乡村低 20%。儿童所受的光照量减少，妨碍了儿童体内维生素 D 的合成，使肠道吸收钙、磷的机能减退，使钙代谢处于负平衡状态，造成骨骼钙化不全，成为佝偻病的起因，导致小儿软骨病。

另外，飘尘进入人体呼吸系统后，其中有毒有害物质很快被肺泡吸收，并进入血液循环，对人体健康危害最大。

据统计，全世界每年因燃料燃烧而排入空中的烟尘总量达 1 亿吨以上，大致每燃烧 1 吨煤就有 3～11 千克烟尘排入空中。飘尘已成为引发和加重人类呼吸道疾病的重要原因。调查数据表明，飘尘质量浓度为 100 微克 / 立方米时，儿童呼吸道感染就显著增加；质量浓度为 300 微克 / 立方米时，呼吸道疾病急性恶化；质量浓度为 800 微克 / 立方米时，呼吸道疾病和心脏病死亡率增加。

总之，飘尘是多种污染物的集合体，是一类十分危险的有害物质，对人体健康和生活环境的影响是多方面的。因而加强飘尘污染的防治与管理已是当务之急。

除飘尘外，还有许多其他的大气污染物对生物、材料和建筑物造成的危害。如，污染大气中二氧化硫、氯气和氟化氢等气体污染物减缓植物的正常发育、降低植物对病虫害的抗御能力甚至使植物中毒或枯萎死亡。大气污染还通过酸雨形式杀死土壤微生物，使土壤酸化，降低土壤肥力，腐蚀仪器、设备和建筑物等。另外，大气中 CO_2 等温室气体浓度增加导致的全球变暖、人们大量生产氟氯烃化合物等导致的臭氧层耗竭等也是大气污染危害的重要体现。

（应俊辉　黄民生）

笼罩在烟雾中的城市

～～～～～～～～～～～～～～～～～

　　1952 年 12 月初，一场灾难降临到英国伦敦。地处泰晤士河河谷地带的伦敦城市上空处于高压中心，一连几日无风，风速表读数几乎为零。大雾笼罩着伦敦城，又值城市冬季大量燃煤，排放的煤烟粉尘在无风状态下蓄积不散，烟和湿气"纠缠"在一起，滞留大气层中，致使城市上空连续四五天烟雾弥漫，能见度极低。在这种气候条件下，飞机被迫取消航班，汽车即使白天行驶也须打开车灯，行人走路都极为困难，只能沿着人行道摸索前行。

　　12 月 5 日凌晨，伦敦城出现了罕见的大雾，有毒的烟尘开始弥漫。当时正在举办的一场盛大的得奖牛展览，牛首先对这种烟尘"作出反应"，展览中共有 350 头牛，其中一头牛当场死亡，随后又有 52 头严重中毒，另外

14头奄奄待毙。与此同时，由于大气中的污染物不断积蓄，不能扩散，许多人都感到呼吸困难，胸口窒闷，眼睛刺痛，流泪不止，市民开始有咳嗽、喉疼、呕吐等症状出现。伦敦医院由于呼吸道疾病患者剧增而一时爆满，城内到处都可以听到咳嗽声。当天伦敦的死亡率出现上升，到第3、4天，情况更趋严重，发病率和死亡率剧增。短短4天时间里，伦敦市死亡人数达到几千人。根据对包括这次烟雾事件在内的两周时间的统计，在此期间伦敦的死亡人数比往年同期多4 000多人，尤以48岁以上者死亡最多，约为平时的3倍；1岁以下幼儿的死亡率也增加1倍。在烟雾笼罩的一周内，伦敦市因支气管炎死亡的达704人，冠心病死亡281人，心脏衰竭死亡244人，结核病死亡77人，分别为一周前的9.5、2.4、2.8和5.5倍。此外，肺炎、流感以及其他呼吸疾病的死亡率也成倍增长。甚至在毒雾事件之后的两个月内，还有8 000多人陆续丧生。这就是骇人听闻的"伦敦烟雾事件"。

其实，伦敦烟雾事件并非是1952年才第一次出现，早在1837年2月的一次事件中即有268人被毒害致死，在历史上有据可查的重大事件也有12起，受害总人数接近万人。

这场灾难后,英国立法机构经过 4 年的研究,于 1956 年颁布了第一部《空气卫生法》。但由于没有弄清致害的真正原因,无法采取有力的措施,致使伦敦在 1956、1957 和 1962 年又相继发生烟雾事件。

经过几十年的努力,科研人员终于弄清事件的真正缘由。1952 年 12 月 5 日清晨,在伦敦上空南英格兰一带有一大型移动性高压脊,使伦敦地区完全处于死风状态,再加上近地气温发生反常变化,近地空气在低气压影响下形成冷气层,来自西北的高压流在它的上面形成逆温层(即气温随高度呈上高下低的逆向分布),使得污染物被盖上了一顶"帽子"难以向周围逸散。由于伦敦居民当时都用烟煤取暖,烟煤中不仅硫含量高,而且一吨家庭用煤排放的飘尘要比工业用煤高 3 至 4 倍。在当时的气象条件下,导致伦敦上空烟尘蓄积,经久不散,大气中烟尘最高浓度达每立方米 4.5 毫克,二氧化硫达 3.8 毫克。烟尘中含有一种三氧化二铁的成分,促使空中的二氧化硫快速被氧化成三氧化硫,遇大雾中的水滴变成硫酸,硫酸液沫或附着在烟尘上或凝聚在雾点上进入人的呼吸系统,使人发病或加速慢性病患者的死亡。由此可知,酿成伦敦烟雾事件主要的凶手有两个,冬季取暖燃煤和工业排放的烟雾是元凶,而逆温层是帮凶。当时持续几天的"逆温"现象,加上不断排放的烟雾,使伦敦上空大气中烟尘浓度比平时高 10 倍,二氧化硫的浓度是以往的 6 倍,整个伦敦城犹如一个令人窒息的毒气室一样。

可悲的是，烟雾事件在伦敦并没有结束，相隔 10 年后又发生了一次类似的烟雾事件，造成 1 200 人的非正常死亡。直到 19 世纪 70 年代后，伦敦市内改用煤气和电力，并把火电站迁出城外，使城市大气污染程度降低了 80%，骇人的烟雾事件才未在伦敦再度发生。

在我们这样一个发展中国家，这样的威胁依然存在。好在我们有前车之鉴，政府和社会各界关注并做了大量的工作，近年来在一些中心城市大气中的硫化物已得到有效控制，烟雾对市民的健康威胁大大减轻。只要加强法制建设，提高公众的环保意识，加强环保科学的研究，这样的城市灾害还是可以避免的。

（应俊辉　黄民生）

酸雨

———————————————

　　人们常用"雨露滋润禾苗壮"的诗句来赞美、感激雨水对万物的恩赐。但是，当今在地球上，天空降落的雨水并非都是甘露了，有时是祸水从天降。作为大气污染带来的恶果之一，酸雨已经成为名副其实的"空中死神"，对人类赖以生存的生态环境具有极大的危害性。

　　早在 19 世纪中叶，酸雨就在英国发生过，然而酸雨真正被作为一种全球性环境问题正式提上议事日程，则是从 1972 年在斯德哥尔摩召开的联合国人类环境会议开始的。瑞典政府提交给大会的研究报告《跨越国境的空气污染：大气和降水中的硫对环境的影响》标志着政府开始关注酸雨的越境迁移。酸雨是酸沉降（是指大气中的酸通过降水，如雨、雾、雪等迁移到地表，或含酸气团在气流作用下直接迁移到地表。前者为湿沉降，后者是干沉降）的主要类型。一般的，当雨水的 pH 值低于 5.6 时就称其为酸雨了。酸雨素有"空中死神"之称，已成为当今世界上最严重的区域性环境问题之一。

直接引起酸雨的主要物质是人为和天然排放的硫氧化物（SO_2 和 SO_3）和氮氧化物（NO 和 NO_2）。贮存于地壳中的硫，平均含量约为 0.1%。通常，硫氧化物的天然源包括来自海洋的硫酸盐雾、有机化合物经细菌分解后的产物、火山爆发以及森林火灾等。全球范围释放到大气中的硫氧化物大部分是人为排放的，对特定的高密度工业区域而言，人为排放比例几乎可达全部硫排放的 100%。化石燃料如煤、石油、天然气中往往都含有大量硫元素，它们的燃烧是大气中硫含量增高的主要原因，它约占人为排放的 85%，矿石冶炼和石油精炼分别约占 11% 和 4%。

早期，欧洲的酸雨多发生在挪威、瑞典等北欧国家，后来扩展到东欧和中欧，直至几乎覆盖整个欧洲。在酸雨最严重的时期，挪威南部约 5 000 个湖泊中有 1 750 个由于 pH 值过低而使鱼虾绝迹；瑞典的 9 万个湖泊中有 1/5 已受到酸雨的侵害。被认为是酸雨最主要发生源之一的德国约有 1/3 的森林受到酸雨不同程度的危害，在巴伐利亚每 4 株云杉就有一株死亡。在瑞士，森林受害面积已达 50% 以上。20 世纪 80 年代初，整个欧洲的降水 pH 值在 4.0～5.0 之间，最低甚至达到 2.0 左右。

酸雨在美国东部和加拿大南部同样也是棘手的环境问题。在美国南部的 15 个州曾达到降水平均 pH 值在

4.2～4.5 之间。美国曾报道至少有 1 200 个湖泊已酸化，酸雨已损伤了东部约 35 000 个历史性建筑物和 10 000 座纪念碑。有人估计美国每年花费在修复这些文化古迹上的费用就已达 50 亿美元。加拿大抽样调查的 8 500 个湖泊几乎已全部酸化。

▲ 酸雨危害的树木

从 20 世纪 80 年代以来，中国的酸雨污染呈加速发展趋势。起初，中国的酸雨主要发生在以重庆、贵阳和柳州为代表的高硫煤使用地区，酸雨区面积约为 170 万平方公里。到 90 年代中期，酸雨进一步发展到青藏高原以东及四川盆地的广大地区。以长沙、赣州、南昌、怀化为代表的华中酸雨区，现在已成为全国酸雨污染最严重的地区之一，其中心区年均降水 pH 值仅为 3.53（与泡菜甚至食醋的 pH 值相差无几），酸雨频率高于 90%，已到了几乎"逢雨必酸"的程度。北起青岛、南至厦门，以南京、上海、杭州、福州为代表的华东沿海地区也成为我国主要的酸雨地区。目前，我国酸雨区面积已占国土总面积的 30% 左右。

我国酸雨的化学特征是 pH 值低、离子浓度高，硫酸根、铵和钙离子浓度远远高于欧美，而硝酸根浓度则低于欧美，属硫酸型酸雨，硫酸根与硝酸根浓度之比平均约为 6.4。据报道，目前我国的二氧化硫排放量已经超过美国，成为世界上最大的二氧化硫排放国。

酸沉降对水体、森林和土壤具有很大危害，因酸沉降引起的经济损失相当严重。据分析估算，酸沉降对江苏、浙江、安徽、福建、江西、湖北、湖南、广东、广西、四川、贵州等 11 个省、自治区造成的森林资源损失已达 510 亿元 / 年左右，造成的农作物经济损失约为 43.91 亿元 / 年。削减 SO_2 的排放，控制酸沉降污染的发展，已刻不容缓。为此，国务院已于 1998 年划定我国的"酸雨污染控制区"和"SO_2 排放控制区"，国家两控区规划已经编制完成，正在付诸实施。

（应俊辉　黄民生）

地球变得越来越暖

近年来，有关全球变暖的报道此起彼伏，并已开始受到全世界各国的重视。大家或许已经看到过这样一些报道。

"在位于南美大陆南端阿根廷境内'冰河公园'里，每隔三四年都可以看到一次阿根廷冰湖最壮观的'冰坝崩塌'景象，然而，这一景观自 1988 年 1 月 17 日最后一次出现后就再也没有形成过。据科学家考察，由于全球变暖的缘故，冰河最前端的高度比 20 世纪 80 年代初大幅度降低，因此不能再形成冰坝。"

"1991 年，奥地利和意大利国境附近的冰川，发现了一具约 5 000 年前的男尸，服装和携带品几乎都完好无缺，这次发现显然是由于冰川快速消融的缘故。"

"南极大陆冰山出现龟裂，1998 年 3 月 23 日卫星拍照的冰山与十几年前相比，约有 200 平方千米的冰山消失了。"

"全球变暖给北极地带的植物带来极大的影响。一些北极圈内特有的植物开花期提前，致使按期而来的蜜蜂因错过开花期而不能传授花粉。这些植物由于无法传宗接代而数量锐减。"

全球变暖是由于温室效应异常引起的。"温室效应"是指在一个空间之内进入的能量高于逸出的能量，因此系统内部的温度为之增加的现象。冬天气温降低时，为保证蔬菜良好生长，通常建造塑料大棚以提高温度，这就是温室效应的例子。夏天，汽车停留于烈日下，打开车门即有一股热气传出。其原因在于太阳辐射能进入汽车内部，并加热了其中的空气，而气密的门窗阻止热气

1991 年海湾战争引起的石油焚烧造成环境破坏 ▶

外泄，因此车内气温升高，此也是温室效应影响的实例。地球的温室效应是通过大气中的二氧化碳（CO_2）、甲烷（CH_4）、氯氟烃（$CFCl$）、一氧化二氮（N_2O）及臭氧（O_3）等"温室气体"吸收辐射能而发生的。地表的温度是由来自太阳的热辐射和地球自身向宇宙放出的热放射之间的平衡决定的。太阳射向地球的热辐射被地表吸收，加热了的地表又向外散发热量。大气中的"温室气体"对来自地球表面反射回来的长波辐射能具有高度的吸收性，除少量辐射能散失到宇宙中去外，大部分都用于大气增温，这种现象就是"温室效应"。

温室效应本是一种自然现象，它使得近地层大气和地表维持着适合的温度，宜于生物的生存与繁衍。然而，由于工业革命以来，煤炭、石油等矿物能源的大量开采和使用，使排放到大气中的二氧化碳量大大增加，再加上滥伐森林，使大气中的二氧化碳浓度逐年增加，导致近100年里大气中的二氧化碳浓度上升了30%，其结果使得全球平均气温上升了0.3 ℃～0.6 ℃。有科学家预测，若二氧化碳等温室气体照目前的排放量发展下去的话，到2100年全球平均气温可能进一步上升2 ℃～3 ℃，随之将引发出一系列的环境灾难。

全球变暖会使两极冰川加速溶化，全球海平面升高，侵蚀沿海陆地，引起海水沿河道倒灌。据推算，如果海平面上升1米，位于尼罗河口的埃及就会有约500万人的生活受到影响，一些珊瑚岛国也会随着海平面的上升处于全岛淹没的危险之中。全球气候变暖会影响植物、农作物的生长，种子植物会由于气候变化过快，迁移速度跟不上而不能发育成长，其结果会使小麦和玉米等农作物大幅度减产，农业生产国将会受到巨大的损失。全球气候变暖也会由于降雨量的改变而给一些地区带来旱涝灾难，干旱地区将更加干旱，多雨地区将洪水泛滥。据卫星观测，由于全球气候变暖，全球雪盖范围在春季和秋季分别比 20 世纪 70 年代减少了 13% 和 9%；在过去的 100 年内，全球海平面平均上升了 10～25 厘米，并且还在不断上升。

1997 年 12 月，联合国在日本京都召开了"防止地球温暖化京都会议"。这是继 1992 年联合国环境发展会议制定了"气候变化框架条约"后的又一次全球环境行动。为限制世界各国碳氧化物的排放量，京都会议通过了《京都议定书》，规定各国在 2008～2012 年间要将温室气体的排放总量在 1990 年的基础上削减 5.2%，发达地区中的"三巨头"——欧盟、美国、日本应带头削减导致温室效应的气体排放量。同时，该议定书还规定了发达国家要从资金和技术上帮助发展中国家实施减少温室气体排放的工程。

（应俊辉　黄民生）

城市高温

炎炎夏季虽已过去，难耐的酷暑却仍令人记忆犹新。2004年，我国大部分地区也出现了持续高温天气，有些城市盛夏气温突破了40℃大关，达到了1937年以来的最高点，出现了持续时间较长的城市高温现象。一到夏季，我们更加频繁地听到天气预报发布高温警报。城市高温是指在城市这一特殊的地理环境下，日气温指数保持在35℃以上，并持续时间长达3天至半个月的炎热气候。它是一种气象灾害，对城市及其周边环境具有较大的危害性，影响城市功能的正常发挥和居民的生产、生活与健康。如近年来印度西部某城市曾出现了高达50℃~55℃的强高温天气，造成上千人死亡，大量牲畜渴死，并引发了瘟疫。随着厄尔尼诺现象的加剧，全球将持续变暖，城市高温现象已成为影响城市健康发展的重要灾害，需引起人们的高度重视。

那么城市高温究竟会有哪些危害呢？或许我们感触最深的就是高温让我们身体觉得很难受。更重要的是，持续的城市高温，会使城市自然环境变异，生存条件恶化，能源消耗增大，城市负荷加重，给城市居民生活和健康带来许多不利影响。其次，城市持续高温所形成的热气团，不仅能直接导致人们因中暑而死亡，而且会形成对人体有害的烟尘污染，使居民患咽炎、气管炎等呼吸道疾病的几率大大增加。再者，高温干燥的天气易引发城市火灾等多种灾害，增大了事故隐患。最后，热气候易造成城市区域性气候的改变，导致局部地区发生水灾或干旱，诱发山体滑坡、泥石流、道路塌陷、土地干裂、河床暴露、水源枯竭等灾害，对城市的生态环境造成持久的破坏。有气象学家称：气候变暖正以各种形式在全球各地引发危机，这种危机给人类带来的危害并不亚于核武器等大规模杀伤性武器。也有经济学家预测：今后50年，平均每年因气候变暖造成的经济损失将高达3 000亿美元。这一天文数字或许是出乎每个人的意料之外的，但是它却是一个我们不得不接受的事实。

面对城市的异常高温造成的这么"惨烈"的结果，我们该如何应对呢？我们该如何减少气候变暖的损失呢？其实，我们只要从环境保护的角度出发，着眼城市可持续发展，认真抓好城市环保与生态建设，科学应对就能将问题化繁为简了。那具体该做些什么呢？专家们对我们提出了五点要求：

◀ 城市高温一景——
公共汽车里打阳伞

其一要搞好城市规划与布局。城市建设应着眼于长远发展，谋求综合效益，在发展经济的同时兼顾生态与环境建设。根据城市发展目标，科学规划，合理布局，力避"摊大饼"的模式，应大力发展卫星城。控制市民居住密度，鼓励市民在卫星城和郊区居住，大型厂矿企业应建在城市外围，以减少城市的热岛效应。

其二要加强城市绿化建设。建设公园，保护水体，扩大树木和草坪的种植面积，同时对城市建筑物群的房顶和墙壁等进行立体绿化，如种植"爬山虎"等藤本植物，以吸收空气中的热量，降低建筑物温度。

其三要加大城市"通风道"建设。拓宽城市道路，路面尽量采用保水性能和透气性能好的材料铺设。保持好高层建筑物之间的间隔，并向低层化或向地下空间发展，做好隔热和遮光处理，减少热量辐射。

其四要实施城市降温。炎热的天气里及时给路面洒水，增加空气中水分的含量，通过水的吸热作用降低城市温度。在城市地下铺设降温专用管道，以循环流动的无污染冷水给城市降温，沿江或沿海城市还可以通过地下通道引入流动的江水和海水实施降温。

　　最后是增大城市"负荷"承受能力。着眼城市功能的正常发挥，加强供电、供水等基础设施建设，改造、增设线路，扩充容量，提高负载能力；制定应急抢险抢修方案，提高城市的应急处置能力，满足城市高温时的应急处置需求，保障人们工作、生产、生活的正常进行。

　　城市是我们的家园，我们希望它能变得让我们住得更加舒适和安逸，最好四季如春，不要有极端的气候。

（应俊辉　黄民生）

不祥的"圣婴"和"圣女"

~~~~~~~~~~~~~~~~~~~~~~~~~~~~~~~~~~~

也许你会奇怪，给人类带来祥瑞的"圣女"、"圣婴"，何以说不祥呢？只因，此非彼也！这里所说的"圣婴"是西班牙语"厄尔尼诺"（El Nino）。而"圣女"指"拉尼娜"（La Nina）现象。

厄尔尼诺现象是指赤道附近东太平洋每隔几年就会发生的大规模海水温度异常增高的现象。"圣婴"的"老家"在南太平洋的东岸，即南美洲的厄瓜多尔、秘鲁等国的西部沿海。著名的秘鲁寒流由南向北流经这里，形成了世界著名的秘鲁渔场，这里生产的鱼类曾占世界海洋鱼类总产量的1/5左右。但是每隔2～7年，秘鲁渔场就发生一次由于海水温度异常升高而造成的海洋生物浩劫：鱼死鸟亡，海兽他迁，渔业大幅度减产。这种现象一般在圣诞节前后出现，因此秘鲁人称此为"厄尔尼诺",即"圣婴"。除了秘鲁西海岸之外,厄尔尼诺现象还可能在美国加利福尼亚、西南非洲、西澳大利亚等地的沿海发生,只是影响程度比较小一些,没有引起人们的广泛注意。

引起这一海洋生物灾难的是秘鲁寒流北部海区的一股自西向东流动的赤道逆流——厄尔尼诺暖流,它一般势力较弱,不会产生什么影响。在厄尔尼诺现象发生的年份,它的活力增强,在受南美大陆的阻挡之后,就会掉头流向南方秘鲁寒流所在的地区,使这里的海水温度骤然上升 3 ℃~6 ℃。原来生活在这一海区的冷水性浮游生物和鱼类由于不适应这种温暖的环境而大量地死亡,以鱼类作食物的海鸟、海兽因找不到食物而相继饿死或

1997 年,厄尔尼诺现象在印度尼西亚造成了大面积的干旱,原本多雨的森林发生了火灾。▶

另迁它处。

灾难最严重的几天，秘鲁首都利马外港卡亚俄海面和滩地上到处是鱼类、海鸟及其他海洋动物的尸体。死亡的动物尸体腐烂产生硫化氢，致使海水变色，臭气熏天，使泊港舰船的水下船壳变黑，并随着雾气或吹向大陆的海风泼向港口附近的建筑物和汽车，在它们表面也涂上了一层黑色，就像是有人用油漆漆过一样。当地人便把这些厄尔尼诺的"涂鸦"之作称为"卡亚俄漆匠"。

厄尔尼诺现象发生时，由于海水温度的异常增高，导致海洋上空大气层气温升高，破坏了大气环流原来正常的热量、水汽等分布的动态平衡。这一海—气变化往往伴随着出现全球范围的灾害性天气：该冷不冷，该热不热，该天晴的地方洪涝成灾，该下雨的地方却烈日炎炎焦土遍地。一般来说，当厄尔尼诺现象出现时，赤道太平洋中东部地区降雨量会大大增加，造成洪涝灾害，而澳大利亚和印度尼西亚等太平洋西部地区则干旱无雨。

许多发展中国家由于处理极端天气的手段落后，受厄尔尼诺气候的影响最强烈，由自然灾害致死、致残或无家可归的人数在令人吃惊地增加。

厄尔尼诺现象还严重影响着人类的健康：在降雨量明显受季节影响或者变化较大的地区，干旱、食物短缺和饥荒现象突出；干旱增加了一些森林和灌木着火的可能性；各种疾病暴发：疟疾发生在不固定疟疾地区，人们缺少免疫性，当极端天气变化加速传播时，人们就有发生流行病的危险。有一些地区主要通过降雨量和气温控制疟疾传播。与厄尔尼诺相关的气温升高可增加高地疟疾的传播；登革热是由蚊子传播的一种重要的病毒性疾病，它季节性发生并与暖湿天气有关。亚洲许多国家在 1998 年发生了异乎寻常的登革出血热，一部分原因就是与厄尔尼诺相关的天气变化；裂谷热是一种虫媒病毒疾病，主要影响牛的健康。在肯尼亚干草地的暴发总量与暴雨期有关；霍乱、腹泻和暴雨是导致表面水被污染的主要原因。腹泻包括霍乱、伤寒、志贺菌病，常见的原因与水污染和洪水有关。干旱可使水表面病原体浓度增加，并造成与卫生相关的疾病，温度升高增加胃肠道感染；啮齿动物传播的疾病增多……

那么肆虐全球的厄尔尼诺现象是否也受到人类活动的影响呢？近些年厄尔尼诺现象频频发生、程度加剧，是否也同人类生存环境的日益恶化有一定关系？有科学家从厄尔尼诺发生的周期逐渐缩短这一点推断，厄尔尼诺的猖獗同地球温室效应加剧引起的全球变暖有关，是人类用自己的双手，助长了"圣婴"作恶。

而拉尼娜（La Nina）在西班牙语中是"仙女、圣女"的意思，也被称为"反厄尔尼诺"现象。"拉尼娜"是赤道附近东太平洋水温反常变化的一种现象，其特征正好与"厄尔尼诺"相反，指的是洋流水温反常下降。"拉尼娜"与"厄尔尼诺"现在都成为预报全球气候异常的最强信号。"拉尼娜"现象是由前一年出现的"厄尔尼诺"现象造成的庞大的冷水区域在东太平洋浮出水面后形成的，因此，"拉尼娜"现象总是出现在厄尔尼诺现象之后。她是厄尔尼诺的伴生"小妹妹",每一次厄尔尼诺中都孕育着拉尼娜。所谓拉尼娜,简单说就是紧跟在厄尔尼诺现象之后的另一种使气候发生骤变的现象。厄尔尼诺是将某地区一贯的气候特征给打乱,拉尼娜虽不会扭曲该地区的气候特征,但她也有些"怪脾气",那就是"有意加强"该地区的气候特征,使干旱的变得更加干旱,潮湿的变得更加潮湿。拉尼娜一般发生在夏秋之交,因为这时全球大气东风加强,西风带减弱,这也为沃克环流的西退提供了一些动力。

据统计,在1950~1989年期间,全球共发生11次厄尔尼诺现象、9次拉尼娜现象。拉尼娜降临对全球气候也会产生一定影响。拉尼娜对全球气候的影响大致与厄尔尼诺相反,即每当厄尔尼诺现象发生时,世界上很多地方都会出现诸如冷夏、暖冬、干旱、暴雨等异常气候,而拉尼娜现象发生时会出现冷冬、热夏的异常气候,如近年来我国出现了多种异常气候现象:全国气温普遍偏高,北方降水量普遍偏少,由此出现了大范围持续严重干旱,春季北方地区先后出现多次沙尘天气,尤其是北京春天的沙尘暴一轮接一轮,夏季的高温热浪一浪赶一浪等。

人类最终彻底走出"厄尔尼诺"、"拉尼娜"怪圈,也许就取决于人类自己对自然的态度。毕竟拯救大自然,也就是拯救人类自己。

（董　亮　王忠华　黄民生）

知识链接

厄尔尼诺对我国的影响

首先是台风减少，厄尔尼诺现象发生后，西北太平洋热带风暴（台风）的产生个数及在我国沿海登陆个数均较正常年份少。

其次是我国北方夏季易发生高温、干旱，通常在厄尔尼诺现象发生的当年，我国的夏季风较弱，季风雨带偏南，位于我国中部或长江以南地区，我国北方地区夏季往往容易出现干旱、高温。1997年强厄尔尼诺发生后，我国北方的干旱和高温十分明显。

第三是我国南方易发生低温、洪涝，在厄尔尼诺现象发生后的次年，在我国南方，包括长江流域和江南地区，容易出现洪涝，近百年来发生在我国的严重洪水，如1931年、1954年和1998年，都发生在厄尔尼诺年的次年。我国在1998年遭遇的特大洪水，厄尔尼诺便是最重要的影响因素之一。

谁给我们带来了印度洋海啸

〜〜〜〜〜〜〜〜〜〜〜〜〜〜〜〜〜〜〜〜〜〜〜〜

2004 年末印度洋海啸大悲剧的惊魂未定，2005 年 3 月份由余震带来的第二次海啸却又夺去了几千个生命。

在这个全球化的时代，也许很多人都会一致地想到，这并不仅仅是一场天灾，而更是长期以来人类活动加剧导致的环境灾变。印度尼西亚苏门答腊岛北端的海底，印度洋板块的碰撞引发强烈地震，继而引发巨大的海啸，7 个亚洲国家和 1 个非洲国家受到海啸重创。印度洋海啸遇难者人数已达三十万人。当我们在为受灾国家损失的多条生命扼腕痛惜的同时，一个问题油然而生：谁惹怒了印度洋？在大海上航行的水手们经常说："大地是父亲，大海是母亲，只有尊重他们，摸清他们的脾气规律，才能够平安地生活下去。"今天，当地球一次次以疯狂的动作向人类施暴之时，我们是否也应该深入地进行反思——"我们善待地球了吗？我们对它了解有多少？"几十万个生命永远消逝在汹涌的浪涛中，对于幸运生还的人和没有受到这次灾害影响的人来说，除了伤痛外，更重要的是这次惨重的灾难给人的启示。环境专家指出，正是人类的活动加剧了自然灾害的破坏。下面我们就来看一下，人们究竟是怎么亲手带来这一场灾难的。

人类活动诸如在沿海地带建造度假胜地，破坏自然保护设施，是这次印度洋海啸灾难空前的一个原因。人类占据了本不该占据的地方。50多年前，世界多数海岸线上并没有多少大的城市、大的旅游设施，但如今海岸线上宾馆林立，人群涌动，近海浅水处则到处是满足食客用的海鲜养殖场，本来可以防御海啸的许多海洋植物、珊瑚礁石，随着人类活动加剧而逐步退化或消失。

有人说，这是一场天灾，可是我们必须看到天灾的背后，正是我们自己将其破坏力发挥到了极致。毕竟海啸要想从海上登陆，必须要越过三道自然屏障，第一道是珊瑚礁，第二道是红树林，第三道是海滩沙丘或礁石。这些海岸线的天然卫士，能消耗掉一些海啸巨浪的能量，使海啸在登陆后破坏力大幅降低。遗憾的是，印度洋海啸损失惨重，与这些自然屏障被人类活动严重破坏有或多或少的关系。

据报道，美国国家珊瑚礁协会的海洋生物科学家认

▼印度洋海啸——普吉岛巴东海滩一片狼藉

为，亚洲一些沿海国家过度捕鱼，鱼群减少导致海藻过盛，而太多的藻类会遮住阳光，阻止珊瑚礁生成，此外，全球变暖导致温室气体被海水吸收，使得海水酸性增强，珊瑚礁因此遭到严重腐蚀破坏。由于过度开发，东南亚早就是热带红树林的重灾区：有大量红树林变成了稻田和养虾塘。为了发展旅游业和养殖捕捞业，一些保护性的礁石、沙丘和海岸线上的植被，要么被炸掉，要么被推土机夷平，使得有些国家失去了抵御海啸的最后一道屏障。

生态环境的保护是经济发展的基础，破坏生态环境的经济发展注定要成为无根之木。印度洋沿岸许多国家，它们的确从旅游开发、渔业养殖等经济发展中获得了好处，然而，因为没有处理好经济发展和环境保护的关系，就注定经济发展所取得的成果将是脆弱的和不稳固的。有关国际机构统计表明，这次海啸造成的损失可能会超过130亿美元，随着灾后统计的深入，这个数字显然还在不断增大。这意味着，多年的奋斗和努力所积聚的财富，将可能因为灾难而付诸东流。

这场人类历史上的浩劫是大自然发出的一张黄牌。不肯面对真实，不肯反映真正代价的社会经济发展体系，而靠现代奴役制度来麻醉良知和心智，只会自取灭亡。目前的经济繁荣，部分原因是靠着越来越大的生态赤字维系的。生态赤字是不入账的，但迟早得有人支付。而这几十年创造的财富和繁荣来自掠夺地球丰富的资产，其中包括森林、海洋、土壤、蓄水层、矿物，也是用破坏气候稳定换回来的。

让我们来看一个具有讽刺意味的事实吧：灾难发生在一个文明时代的"天堂"里，美丽的花园、豪华的酒店，瞬间成为废墟；夺走了近30万人的生命，其中不乏受现代科学知识武装的文明人群；相比之下，偏远岛屿上孑遗的史前部落却能在大难中安然无恙；科学家检测到了地震的发生，科学知识也告诉此后必有海啸，却未能使陶醉的人群免于死难。现在，你应该清楚地知道了究竟是谁给我们带来了印度洋海啸了吧！

（金承翔　黄民生）

可怕的马路杀手——汽车尾气

随着生活水平的日益提高，汽车作为我们的交通工具数量也在以人们难以想象的速度增加，但人们在享受这种便利的交通工具所带来的便利的同时，也造成了环境污染。你是否有以下的经历呢：当你穿行在一条车水马龙的道路上时，你会感觉到周围的空气似乎都像被注入了大量汽油一般，让你难以忍受，这种情况在堵车时更为严重。人们通过研究发现，汽车尾气中含有大量对人体有害的物质，它是一个可怕的健康杀手。下面，我们就来了解一下这个可怕杀手的真面目吧。

汽车尾气主要用如下几样武器来攻击我们的身体，它们分别是一氧化碳（CO）、碳氢化合物（HC）、氮氧化物（NO_x）、铅（Pb）等。

一氧化碳：一氧化碳和人体红血球中的血红蛋白有

很强的亲和力，它的亲和力比氧强几十倍，亲和后生成碳氧血红蛋白（COHb%），从而削弱了血液向各组织输送氧的功能，造成感觉、反应、理解、记忆力等机能障碍，重则危害血液循环系统，导致生命危险。其实生活中，我们常说的煤气中毒指的就是一氧化碳中毒，由此可见其威力了。

氮氧化物：氮氧化物主要是指一氧化氮（NO）、二氧化氮（NO_2），都是对人体有害的气体，特别是对呼吸系统有危害。在 NO_2 浓度为 9.4 毫克／立方米的空气中暴露 10 分钟，即可造成呼吸系统失调。

碳氢化合物：目前还不清楚它对人体健康的直接危害。但是碳氢化合物（HC）和氮氧化物（NO_x）在大气环境中受强烈太阳光紫外线照射后，产生一种复杂的光化学反应，生成一类新的污染物——光化学烟雾。这个武器可以说已经是"臭名昭著"了，历史上已经多次"犯案"，而且每次都是杀伤力极强。

▼ 空气质量流动监测

铅：铅（Pb）在废气中呈微粒状态，随风扩散。农村居民，一般从空气中吸入体内的铅量每天约为 1 微克；城市居民，尤其是街道两旁居民的铅吸收量大大超过农村居民。铅进入人体后，主要分布于肝、肾、脾、胆、脑中，以肝、肾中的浓度最高。几周后，铅由以上组织转移到骨骼，以不溶性磷酸铅形式沉积下来。人体内约 90%～95% 的铅积存于骨骼中，只有少量铅存在于肝、脾等脏器中。骨中的铅一般较稳定，当食物中缺钙或有感染、外伤、饮酒、服用酸碱类药物而破坏了酸碱平衡时，铅便由骨中转移到血液，引起铅中毒的症状。铅中毒的症状表现很广泛，如头晕、头痛、失眠、多梦、记忆力减退、乏力、食欲不振、上腹胀满、嗳气、恶心、腹泻、便秘、贫血、神经炎等；重症中毒者有明显的肝脏损害，会出现黄疸、肝脏肿大、肝功能异常等症状。

由此可见，汽车尾气这个杀手其实真的相当恐怖，汽车作为人们生活中不可替代的重要部分，禁止使用显然是不切实际的，因此，我们就必须把控制尾气污染物排放作为主攻方向。于是，全世界特别是一些汽车拥有率较高的发达国家率先行动起来了。为了提高城市空气质量，美国制定了严格的降低汽车污染的计划。1996 年，欧盟又制定了据说比美国还严格的汽车尾气排放标准。欧盟的计划中，提出了提高汽油和柴油质量的标准，要求在 2000 年前取消含铅汽油，在雅典、伦敦等污染严重的地区，采用特殊的清洁燃料。同时，要求新推出的车型，都必须进行技术改造，以净化汽车尾气。

随着我国汽车工业的不断发展，汽车尾气问题也愈加突出。为了改善大气质量，我国也开始对汽车尾气提出了新的要求，制定了一系列的法规，这在一定程度上对汽车尾气排放有强制约束力。同时，也在提高柴油、汽油质量，减少铅含量，积极向无铅汽油过渡，安装汽车净化器等方面也开始有了新的举措，这为汽车尾气达标排放提供了保证。

当然，只要我们采用汽油、柴油作为燃料，那汽车尾气的污染问题就很难得到彻底的根治，以上一些措施也只是从降低或控制污染的目的出发而已。使用清洁能源才是根治这一顽症的真正良药。如今，太阳能汽车、燃料电池汽车等研究已经越来越多受到人们的关注了。我国在这些方面也已经有了一定的成果。到了一定的时候，当我们走在街上时便无须忍受令人窒息的汽油味，而是可以无忧无虑地呼吸新鲜的空气。

（于学珍　黄民生）

我们的"保护伞"出现了空洞

~~~~~~~~~~~~~~~~~~~~~~~~~~~~~~~~

"臭氧",名字听起来挺叫人纳闷,但它却是地球生命的保护神。每个臭氧分子（O_3）中具有三个氧原子,不同于人类和其他生物所呼吸的氧气（O_2）。臭氧是一种天蓝色、有特殊臭味的气体,因此得名"臭氧"。由太阳飞出的带电粒子进入大气层,使氧分子裂变成氧原子,而部分氧原子与氧分子重新结合成臭氧分子。大气中的臭氧含量极低,却具有极强的吸收紫外线的功能。因为过量的紫外线照射会对地球生态环境和人类健康造成许多危害。它能使微生物死亡,使植物生长受阻,使动物和人的眼睛失明、免疫力下降、皮肤癌的发病率增高。因此,臭氧积聚在地球的上空所形成的臭氧层,通过吸收大量的紫外线就可以有效地挡住紫外线,使得地球生命和物体免遭紫外线的伤害。所以有人称之为——地球的盔甲。

大气层中臭氧随处都有，但又不随处而居，臭氧主要存在于离地球大约 20 至 30 千米处同温层的最底层，其厚度在正常压力下约为 8 千米，它除了能吞没大量的太阳紫外线的辐射外，还能调节大气层的温度。这是由于在吸收紫外线的过程中也给自身和周围的空气加了温，此外又吸收了地球表面的热量，从而产生了温室效应，直接影响大自然的气候。

可是，随着人类工业化水平的推进以及破坏臭氧层的有害气体的不断排放，赖以保护地球的臭氧层也向人类亮出了"黄牌"。20 世纪 70 年代初期，科学家们发出警告：臭氧层可能受到危害。到了 1984 年，英国科学家首次发现南极上空出现臭氧洞。1985 年，美国的"雨云 -7 号"（Nimbus-7）气象卫星测到了这个臭氧洞。以后经过数年的连续观测，进一步得到证实。美国宇航局（NASA）"雨云 -7 号"卫星上的总臭氧测定记录数据表明，近年来，南极上空的臭氧洞有恶化的趋势。1987 年，科学家又发现北极上空也出现了臭氧层"空洞"，NASA

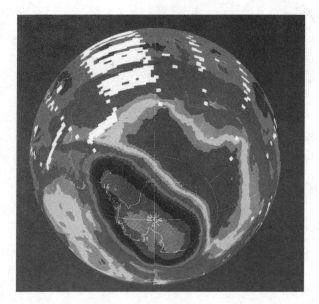

▼ 1986 年摄得的卫星照片，中间灰色和紫色的部分就是臭氧洞

（美国航空航天局）和欧洲臭氧层联合调查组分别进行的测定都表明了这一点。而且，令人不安的变化并没有停止。1998 年，南极洲臭氧空洞持续时间超过了 100 多天，面积约相当 3 个澳大利亚。中国科学家近年来对中国上空臭氧分布的分析中发现，青藏高原上空，也存在着一个相对周围地区臭氧浓度较低的区域。

臭氧洞一经发现，立即引起科学界及整个国际社会的震动。最初对南极臭氧洞的出现有三种不同的解释。一种认为是底层含臭氧少的空气被风吹到平流层的天然结果；第二种解释认为，南极臭氧洞是由宇宙射线在高空生成氮氧化物的自然过程；但是，许多科学家指出，正是人为的活动造成了今天的臭氧洞。元凶就是我们现在所熟知的氟利昂和哈龙等化合物。

越来越多的科学证据否定了前两种假说，而证实氟利昂（氟氯碳化合物）和哈龙（含溴化合物）产生的氯和溴在平流层通过化学反应消耗臭氧是造成南极臭氧空洞的主要原因。那么氟利昂和哈龙是怎样进入平流层，又是如何引起臭氧层破坏的呢？我们知道就重量而言人为释放的氟利昂和哈龙的分子虽然都比空气重，但它们在低层几乎不与任何分子发生反应，因此不能通过一般的大气化学过程去除。经过一两年的时间，这些物质于全球范围内在对流层分布均匀，然后主要在热带地区上空被大气环流带入平流层，风又将它从高纬度地区向低纬度地区输送，在平流层内混合均匀。在平流层内，强烈的紫外线照射使氟利昂和哈龙发生分子解离，释放出原子状态的高活性的氯和溴，生成破坏臭氧层的主要物质。据估算，一个氯原子可以破坏 10 万个臭氧分子，而由哈龙释放的溴原子对它的破坏能力是氯原子的 30~60倍。而且，氯原子和溴原子还存在协同作用，即两者同时存在时破坏臭氧层的能力要大于二者的简单加和。

臭氧层破坏的形成是包含大气化学、气象学的三维复杂过程，但根源是地球表面人为活动产生的氟利昂和哈龙，氟利昂和哈龙在大气中的寿命长达 75 至 100 年，一旦进入大气就较难去除，这意味着它们对臭氧层的破坏会持续一个漫长的过程。

臭氧层变薄和南极上空出现空洞引起了全世界人民的不安，这是由于它带来的后果可怕。目前，科学研究证实，臭氧层的破坏给人类带来许多危害，最突出的一点是造成地球表面太阳紫外线辐射量的增加，危及人类和其他生物的生命安全。如患白内障、皮肤癌的人要成倍增加，人体的免疫系统机能减退，海洋中的鱼类要大量死亡，其他动物和植物也将受到损害（繁殖力下降和幼体发育不全）；其次是引起低层变暖、高层变冷，导致全球气候大气环流的紊乱和冷热的失衡；另外是加速建筑、包装物及电线和电缆等老化、变质。

如果我们再不行动，让臭氧层不断遭受破坏，人类及地球所有的生灵，将一步步失去自己的"保护伞"。

当然，人类正在共同采取"补天"行动。1985 年 3 月 22 日《保护臭氧层维也纳公约》在维也纳签订。1987年 9 月 16 日在加拿大蒙特利尔签订了《关于消耗臭氧层物质的蒙特利尔议定书》，1991 年 6 月 29 日又对该议定书进行修订。我国在 1991 年 6 月 14 日在修正后的蒙特利尔议定书上签字。1992 年 11 月，联合国环境规划署在丹麦首都哥本哈根召开《蒙特利尔议定书》缔约国第四次会议，进一步修正和调整消耗臭氧层物质的使用时间。

例如，哈龙类物质，除必要用途外，1994 年停止使用。1996 年停止使用的有：氟氯化碳类物质、四氯化碳、甲基氯仿等。今后逐年减少氟氯烃的使用，到 2030 年停止使用。1999 年 7 月 1 日，我国按照议定书的要求，实现了消耗臭氧层物质的生产和消费冻结目标。现在，正在为 2005 年削减 50% 和 2010 年削减 100% 的淘汰目标的实现而努力奋斗。

（应俊辉　黄民生）

光化学烟雾

洛杉矶位于美国西南海岸，西面临海，三面环山，是个阳光明媚、气候温暖、风景宜人的地方。早期金矿、石油和运河的开发，加之得天独厚的地理位置，使它很快成为一个商业、旅游业都很发达的港口城市。洛杉矶市很快就变得空前繁荣，著名的电影业中心好莱坞和美国第一个"迪士尼乐园"都建在了这里。城市的繁荣又使洛杉矶人口剧增。白天，纵横交错的城市高速公路上拥挤着数百万辆汽车，整个城市仿佛一个庞大的蚁穴。

然而好景不长，从20世纪40年代初开始，人们就发现这座城市一改以往的温柔，变得"疯狂"起来。每年从夏季至早秋，只要是晴朗的日子，城市上空就会出现一种弥漫天空的浅蓝色烟雾，使整座城市上空变得浑浊不清。这种烟雾使人眼睛发红，咽喉疼痛，呼吸憋闷，头昏、头痛。1943 年以后，烟雾更加肆虐，以致远离城市 100 千米以外的海拔 2 000 米高山上的大片松林也因此枯死，柑橘减产。1955 年，因呼吸系统衰竭死亡的 65 岁以上的老人达 400 多人；1970 年，约有 75% 以上的市民患上了红眼病。这就是较早出现的大气污染事件——光化学烟雾污染事件。

光化学烟雾污染事件并没有停住脚步。1971 年，日本东京发生了较严重的光化学烟雾事件，使一些学生中毒昏倒。同期，日本的其他城市也有类似的事件发生。此后，日本一些大城市连续不断出现光化学烟雾。我国也不例外，据 1996 年国家环境保护局《环境质量通报》，我国就有广州、北京、上海、鞍山、武汉、郑州、沈阳、兰州、大连、杭州等城市也存在较严重光化学烟雾污染。

光化学烟雾是由于汽车尾气和工业废气排放造成的，是典型的二次污染，一般出现在相对湿度较低、气温在 24 ℃～32 ℃的夏季，最易发生在中午和下午，夜间消失。污染区域可达下风向几百到上千千米，使远离城市的农村庄稼也受到损害。汽车尾气中的烯烃类碳氢化合物（HC）和氮氧化物（NO_x）被排放到大气中后，在强烈的阳光紫外线照射下，会吸收太阳光所具有的能量。这些物质的分子在吸收了太阳光的能量后，会变得不稳定起来，原有的化学链遭到破坏，形成新的物质（以臭氧为主的高氧化性混合气体）。这种化学反应被称为光化学反应，其产物就是剧毒的光化学烟雾。

光化学烟雾造成危害的主要原因是由于其中的 O_3 和

▲ 上图为洛杉矶天气晴朗时的景象；下图为洛杉矶光化学烟雾示意图

其他氧化剂直接与人体和动植物相接触，其极高的氧化性能刺激人体的黏膜系统，人体短期暴露其中能引起咳嗽、喉部干燥、胸痛、黏膜分泌增加、疲乏、恶心等症状；长期暴露其中，会明显损伤肺功能。另外，光化学烟雾中的高浓度 O_3 还会对植物造成损害。此外，光化学烟雾对材料（主要是高分子材料，如橡胶、塑料和涂料等）也产生破坏作用，并且严重影响大气能见度，造成城市的大气质量恶化。

洛杉矶在 20 世纪 40 年代就拥有 250 万辆汽车，每天大约消耗 1 100 吨汽油，排出 100 多吨碳氢化合物（HC），300 多吨氮氧化物（NO_x），700 多吨一氧化碳（CO）。据悉，目前美国交通源排放的一氧化碳、氮氧化物和碳氢化合物已经分别占到全国排放总量的 62.2%、38.2% 和 34.3%。另外，还有炼油厂、供油站等其他石油燃烧排放，这些化合物被排放到阳光明媚的洛杉矶上空，不啻制造了一个毒烟雾工厂。

研究表明，光化学烟雾污染突出表现在 60°N（北纬）～60°S（南纬）之间，人口 100 万以上的大城市或特大城市。光化学烟雾可以说是工业发达、汽车拥挤的大城市的一个隐患。继洛杉矶之后，日本、英国、德国、澳大利亚和中国都先后出现光化学烟雾污染。

光化学烟雾的形成机理十分复杂，通过对光化学烟雾形成的模拟实验，目前已明确在碳氢化合物和氮氧化物的相互作用方面有以下过程，其中污染空气中 NO_2 的光解是光化学烟雾形成的起始反应，随后通过进一步的化学反应又生成了醛、酮、醇、酸及自由基等高度氧化性物质。

由于光化学烟雾污染的主要污染物来自汽车尾气。因此，目前人们主要在改善城市交通结构、改进汽车燃料、安装汽车尾气催化净化装置等方面做着积极的努力，以防患于未然。

（应俊辉　黄民生）

"黄龙"是怎样被降服的

在弄懂这个问题之前，请你先看看下面国内媒体一则报道及相应的评论"……9 月 22 日下午 3 点半左右，某某钢铁厂上空出现了一条'雄伟壮观、粗壮无比'的黄龙，它张牙舞爪地在风的帮助下，向新城扑来。转眼间，整个新城笼罩在一片刺鼻的黄色烟雾中，新城响起一片关门关窗声……如此这般叫我们咋生活?!……每每看见那些可恶的烟囱，我都会从心里爆发出一种强烈的念头：扔一个炸弹过去把它们炸掉!"

当一条条"黄龙"、"黑龙"、"白龙"还有五颜六色的"彩龙"从钢铁厂、铸铁厂、发电厂、化工厂等烟囱中鱼贯而出，污染我们空气、戕害我们健康的时候，难道人类就束手无策了？当然

▼ 化工厂的黄色烟尘里含有大量的氮氧化物

不是！

简要地说，从钢铁厂烟囱中排出的"黄龙"是各种各样的污染物的混合体，包括铁金属粉尘等颗粒状污染物和硫（氧）化物等气态污染物，当它们在废气中达到一定浓度后就呈现特征性的黄色或黄红色。"黄龙"中有时还可能含有一些苯系化合物等剧毒物质。

▲ 钢铁厂"黄龙"一"景"

降服"黄龙"，首先要去除烟气中粉尘，这就要靠一种叫做除尘器的一类环保设备发挥作用了。

按捕集粉尘的作用力及原理，除尘设备可分为 4 类：机械式除尘、电除尘、过滤式除尘和湿式洗涤除尘设备。按除尘效率可分为：高效除尘设备包括电除尘、袋式除尘、高效文丘里除尘等；中效除尘设备包括旋风除尘及其他湿式除尘等；低效除尘设备包括重力沉降、惯性除尘等。

重力除尘器：借助重力作用使含尘气体中粉尘自然沉降以达到净化废气目的的装置。当含尘气体水平通过沉降室时，尘粒受沉降力的作用向下运动，经过一定时间后尘粒沉降到沉降室的底部而分离，净化后的气体通过出口排出。这种除尘器结构简单，但一般只用于净化 50 微米上的尘粒。因此通常用于含粗尘粒废气的预除尘。

惯性除尘器：利用粉尘在运动中惯性力大于气体惯

性力的作用，将粉尘从含尘气体中分离出来的设备。其利用一系列的挡板，惯性大的颗粒被阻挡下落，小的颗粒绕板而过。粉尘粒径越大、气流速度越大、挡板数越多和板间距越小，则除尘效率越高，但能耗也越大。这种除尘器结构比较简单，一般用于净化粒径为 20～30 微米的尘粒。

旋风分离器：是利用旋转的含尘废气所产生的离心力，将粉尘从气流中分离出来。当含尘气体进入圆锥形旋风分离器时，气流将由直线运动变为圆周运动。含尘废气在旋转过程中产生离心力，将密度大于气体的尘粒甩向器壁，进入排灰管或灰斗。旋风分离器用于工业生产已有 100 余年历史，作为一种重要的二级除尘设备被广泛应用于化工、石油、冶金、建筑、矿山、机械、轻纺等工业部门。

湿式除尘器：是使含尘废气与水或其他液体接触，利用水滴、水膜和尘粒的碰撞、接触等作用把尘粒从废气中分离出来的设备。当含有悬浮尘粒的气体与水相遇接触且气体冲击到湿润的器壁时，尘粒被器壁所黏附，或者当气体与喷洒的液滴相遇时，液体在尘粒上凝集，使得尘粒变得越来越重，而使之快速降落。湿式除尘器类型较多，而最具代表性的是文丘里管除尘器和水膜除尘器。

静电除尘器：自 1906 年在工业上开始应用以来，静电除尘器已发展成一种公认的高效除尘装置。其工作原理是将高压直流电施加于放电极和收尘极之间形成电场，悬浮微粒带上电荷并在电场作用下快速向收尘极聚集。在合适条件下，静电除尘器的工作效率可达 99% 甚至更高。目前静电除尘器在化工、发电、水泥、冶金、造纸等工业部门被广泛应用。

袋式除尘器：袋式除尘器于 1881 年在德国获得发明专利并开始商业化生产。其工作原理为：当含尘气体进入除尘器时，粗粉尘因受导流板的碰撞作用和气体速度的降低而落入灰斗中（类似于重力除尘和惯性除尘）；其余细小颗粒粉尘随气体进入滤袋室；受滤料纤维及织物的惯性、扩散、阻隔、钩挂、静电等作用，粉尘被阻留在滤袋内，净化后的气体逸出袋外，经排气管排出。滤袋上的积灰用气体逆洗法或喷吹脉冲气流的方法去除，清除下来的粉尘由排灰装置排走。目前袋式除尘器对工业废气中微粒粉尘的控制，尤其是对高温冶炼和燃料燃烧生成的高活性微粒粉尘的控制，其除尘效率可达到 99.99% 以上。

近 100 年来，除尘器技术及其装备有了飞速的变化和发展，如在 1998 年美国俄亥俄州立大学首次提出膜电除尘器概念，即采用碳纤维材料编织成的膜作为静电除尘器的收尘极，从而打破了多年来对静电除尘器研究徘徊不前的局面，使静电除尘器产生根本性的变革。膜电除尘器利用了先进的碳纤维膜作吸尘极，使电除尘器的除尘效率和操作性能大大提高，且汇集除尘、脱硫（硫氧化物）、脱硝（氮氧化物）、除重金属于一体，预计将在我国燃煤电厂中得到广泛应用。

除了除尘外，要彻底降服"黄龙"还得对它实施脱硫"手术"。脱硫途径有三个：燃烧前脱硫、燃烧中脱硫及燃烧后脱硫即烟气脱硫，目前烟气脱硫被认为是最行之有效的途径。

烟气脱硫按工艺特点分为湿法和干法二大类。

湿法脱硫工艺应用最多，占脱硫总装机容量的83.02%。而其中占绝对统治地位的石灰／石灰石——石膏法是目前世界上技术最成熟，实用业绩最多，运行状况最稳定的脱硫工艺，脱硫效率在90%以上。已有近三十年的运行经验。湿法脱硫过程中产生的副产品——石膏可以回用于建材业。

干法脱硫是在完全干燥状态下进行，不存在设备腐蚀、结露等问题，其投资、运行费用低，但脱硫效率稍低。常见工艺有：静电干式喷射脱硫法、等离子体脱硫法等。

另外，生物脱硫技术是新近发展起来的脱硫新技术。生物脱硫技术包括生物过滤法、生物吸附法和生物滴滤法。在生物脱硫过程中，二氧化硫等含硫污染物必须先经生物还原作用生成硫化物然后再经生物氧化过程生成单质硫，才能去除。生物脱硫具有许多优点：不需催化剂和氧化剂（空气除外），不需处理化学污泥，能耗低，效率高等。缺点是脱硫过程不易控制，运行条件要求较苛刻等，目前生物脱硫技术尚未获得大规模的工业应用。

（应俊辉　黄民生　徐　雁）

汽车车内污染

～～～～～～～～～～～～～～～～～～～～～

　　随着生活水平的提高，拥有汽车的人越来越多，特别是在大城市中，马路上一眼望去，私家车的比例是越来越高了。几年前，对于汽车，人们关注的问题更多是道路的拥挤问题和汽车尾气排放的问题，对于汽车内部的问题关注较少。近年来，随着私家车数量的上升，越来越多的人开始注意到汽车内部的环境污染问题。不幸的是，研究发现，汽车内的污染正影响人们的身体健康，这一结果使得其成为"汽车一族"关注的焦点。"中国首次汽车内环境污染情况调查活动"公布北京地区调查结果，结果发现，有93.82%的被调查车辆存在不同程度的车内环境污染。

　　据介绍，在接受调查的1 175辆汽车中，全部检测项目达标的只有52辆。在接受调查的新车中，车内有害物质甲醛超标的达 190 辆，占被调查新车总数的 23.4%，车内苯浓度超标的达 610 辆之多，占总数的 75.1%，而高达 81.6% 的被调查新车甲苯超标！

通过对从 1994 年 5 月至 2002 年 12 月之间购置的汽车进行检测后发现，旧车车内环境污染也相当普遍，但与新车相比污染物质浓度较低，在采取正确的通风措施或有效治理后，可以达到安全标准。通过此次调查发现，汽车内环境首要污染物质为甲苯，其次为苯、二甲苯和甲醛等，如果这几种车内污染物质长期得不到有效治理，将对驾乘者的身体健康造成较大危害。汽车内污染主要来自如下几个方面。

首先是汽车内的座椅、沙发垫，装饰中使用的车座套、踏脚垫、车顶装饰布内衬等装饰材料，都会释放出大量的有毒气体，包括甲醛、苯、二甲苯、丙酮等，这些物质在不知不觉中侵蚀人体，导致肺炎、支气管炎、肺癌等疾病，严重影响人类健康。

其次是汽车发动机产生的一氧化碳、汽油气味，均会使车内的空气质量下降；车内空调长时间不进行清洗护理，就会在车内部产生氨、烟碱、细菌等有害物质，导致车内空气质量差甚至缺氧；当汽车内的二氧化碳浓度达到 0.5% 时，人就会出现头痛、头晕等不适感，甚至造成交通事故。

目前国内新车污染治理主要是喷涂光触媒和在车内摆放臭氧机、负离子机等类似装饰物的小仪器。它们的特点是降解和消除已释放出的有害气体，但治标不治本，污染严重时无法彻底解决，如：冬天北方气温较低，车内长时间使用暖风，夏天在阳光下停放几个小时，车内装饰材料中的甲醛被激活，大量释放出来，气味难闻，严重危害身体健康。

面对如此严重的问题，我们不能"坐以受害"。于是人们从多个方面出发，采取了一系列的治理方法。

车内污染源的治理：针对座椅、沙发垫、踏脚垫、车顶装饰布内衬等材料，使用专业产品和专业设备经过多次处理，消除甲醛、苯、氨等有害物质，以达到控制污染源的目的，结合光触媒的喷涂，降解一氧化碳、氨、烟碱、甲醛等已释放出来的有害气体，长久有效，特别是对控制新车内的空气污染有良好的效果。

"内部装饰豪华的轿车更容易产生污染，其内部装饰用的真皮、桃木、电镀、金属、油漆、塑料等材料处理不当会辐射出有害物质。"不久前，在"中国首次汽车内环境污染情况调查活动——汽车内环境治理仪式"上，中国科协工程学会联合会秘书长朱钟杰这样提醒广大车主们。

目前，汽车内饰污染已经引起越来越多车主们的广泛关注。专家指出，汽车内饰中的地毯、座椅、空调风口、行李箱等处，这些地方经常接触到潮湿的空气或水渍，最容易滋生细菌，使内饰霉变，散发出臭气，不但影响了室内空气环境，更重要的是对广大车主的健康造成了威胁。

一般刚出厂的新车内会有人造革和纺织品两类内饰

件，像地毯、车顶毡、坐垫、胶黏剂等，含有大量甲醛、苯、二甲苯等有害物质，都可能不知不觉对人造成毒害。此外，买来的新车都会有一些塑料质地的包装，是厂家防止破损而进行的保护，许多车主不愿去除，这样会使原本可以挥发的污染闷在车内"发酵"，使污染留车内，不能得到快速有效地排除。同时，将车子交给一些汽车美容店进行全方位的内部装修，也有可能增加车内污染。车主们都知道，每辆老车都有其自己特殊的味道，而这些味道里往往就隐藏和掺杂着霉变细菌和其他污染源。这一方面因为汽车内部的空间有限，车厢的密闭性较强，造成车内空气的流通状况不佳，容易诱发内饰霉变；另一方面，国内无论公车还是私车，常常会搭乘较多的乘客，这也是汽车内饰中细菌与病毒的可能来源。

目前全世界都在关注汽车内饰污染这一问题，并加紧开发环保新产品，但国内的汽车内饰材料、汽车空调等企业，似乎还在受利益驱动，对这一问题的重视还相当不够。更为重要的是，当许多汽车用户发现汽车内饰污染问题，而向消协、汽车厂家、材料供应商、经销商讨说法时，却发现涉及汽车内饰污染的各种材料、配件可能既没有企业、行业标准，又没有国家标准，这使得广大车主们即使受到了汽车内饰的毒害，也"有冤无处申"。

于是，广大车主们不断寻求解决内饰污染的良方。专家建议，每隔半年或是一年最好请专业人员彻底为爱车清洁消毒一次。在平时，一些车主喜欢在车内喷洒香水或空气清新剂等，借此来改善车内空气，但这种方式并没有从根本上解决车内污染问题，而且还可能带来新的污染。专家建议，可以选择汽车氧吧等空气净化装置，既能安全有效消灭细菌，又能源源不断地提供丰富的氧离子群，真是"一举两得"。根据一份市场调查统计，一些汽车氧吧既能有效清除车内空气中90%以上的有害细菌，又能每秒发出500万个氧离子群，是目前科技含量较高、杀菌较为彻底的汽车空气净化产品。

让我们更加关注车内空气污染问题，预防和控制车内污染危害，共同创造一个安全健康的行车环境。

（王忠华　黄民生）

"绿色交通"向我们驶来

世界上第一辆汽车是德国人卡尔·本兹（K. Benz，现已成为著名汽车品牌，即"奔驰"）于 1886 年制造出来的。汽车问世伊始，由于价格昂贵，当时成为只有少数有钱人才能买得起的奢侈物。1908 年，美国福特公司创始人亨利·福特（Henry Ford，1863～1947 年）的汽车公司生产出坚固耐用的 T 型汽车，每辆汽车售价只有 850 美元，相当于一个中学教师的年收入。1913 年，福特又从屠宰场的传送带上得到启示，发明了汽车大批量生产装配流水线，由此大大降低了福特 T 型汽车的生产成本，汽车的价格也直线下降。1918 年，福特汽车公司的汽车产量占到美国汽车产量的一半，福特 T 型汽车的售价也降到 260 美元一辆，本厂工人两个月的工资就能买得起。福特汽车的大幅度降价使汽车购买率扶摇上升，汽车制造业也从此一路飙升地发展起来，汽车很快就成为最普遍的交通工具，成为人们生活中不可缺少的部分。

汽车的普及极大地改变了人类的生产和生活方式，它无形中缩短了社会整体的空间和时间距离，扩大了人们的生活领地范围，加快了人们的生活节奏。汽车的普及无疑极大地促进了人类社会经济发展，在不到 100 年的时间里，汽车已成为许多人生活中形影不离的伙伴。

目前，全世界的汽车保有量已超过 6 亿辆，全世界每千人拥有汽车 116 辆。全世界的汽车保有量以每年3 000 万辆的速度递增着，预测到 2010 年全球汽车量将增到 10 亿辆。2003 年中国的汽车保有量已超过 2 000 万辆，北京的机动车已超过 200 万辆，其中私家车数量以每年 50% 的增长速度上升。汽车加快了人类社会发展的新陈代谢，然而却快速耗竭着地球的资源，并产生了一定的环境污染。

汽车制造是资源密集型产业，全世界每年用于汽车制造上的金属材料、陶瓷、玻璃等就超过 6 000 万吨。同时，机动车的燃料消耗又成为无情吞噬石油资源的无底洞。目前，汽车使用的汽油约占全球汽油消费量的 1/3。美国、加拿大、日本和西欧地区的汽油产量还不到全球供应量的 1/4，但他们每年消费合计的汽油量却远远超过世界汽油产量的一半。

汽车排放的尾气会严重影响人类健康，其含有的主要污染物有铅、一氧化碳（CO）、碳氢化合物（HC）和氮氧化物（NO_x）。首先是铅的危害问题。一辆汽车一年内可放出 2.5 千克的铅。人体对大气中的铅的吸收率为 40%，汽车尾气中的铅粒随呼吸进入人体，可伤害人的神经系统，还会积累于骨骼中；如落在土壤或河流中，会被各种动植物吸收而进入人类的食物链。人体内积蓄一定程度的铅，会出现贫血、肝炎、肺炎、肺气肿、心绞痛、神经衰弱等多种症状。所幸的是，无铅汽油的普及应用有效地改变了这一状况。

其次是一氧化碳的危害问题。汽车尾气中的一氧化碳是汽油未完全燃烧的产物。一氧化碳与血液中的血红蛋白结合的速度比氧气快 250 倍。所以，即使有微量一氧化碳的吸入，也可能给人造成可怕的缺氧性伤害。轻者眩晕、头疼，重者脑细胞受到永久性损伤。现在全世界汽车总量大概有 7 亿多辆，估计每年排放一氧化碳 7 亿多吨，碳氢化合物 1.4 亿多吨，氮氧化物 0.7 亿吨。汽车污染占整个大气污染的 1/3。据报道奥地利、法国和瑞士等国由于长期暴露于汽车废气中引起 2.1 万人早亡，造成 30 万儿童支气管的额外病案，39.5 万成年人气喘……在交通工具造成的危害中，我国也没能幸免，1998 年世界卫生组织公布的全球大气污染最严重的 10 个城市中，中国就占了 3 个，北京、上海、广州"榜上有名"。

在屡次污染事故之后，人们终于觉醒到环境保护的重要性。以欧美为主的先进国家和地区，纷纷开始强调保护环境、提升居住品质的重要性，为解决这些问题，人们开始呼唤"绿色交通工具"的出现、迫切要求实施"交通绿色化工程"。

◀ 城市机动车尾气
检测

　　城市绿色交通工具主要指污染物零排放或最少排放
的各种机动车辆。于是人们又重新求助于电动汽车，使
它们重新焕发青春。从环保角度讲，真正的城市绿色交
通工具应当包括地铁、城市轻轨和无轨电车以及高能电
动汽车、燃氢汽车、太阳能汽车和自行车等，它们具有
运量大、能耗小、污染少等特点。首推的当属自行车，
因为它的废气排放量为零，这是其他任何一种交通工具
都无法比拟的，随着自行车性能的不断改进，出现了电
力驱动自行车，今后还会出现太阳能自行车，其舒适度
及便捷度也将大大提高。近年来液化石油气（LPG）为
燃料的"绿色汽车"在我国许多大型城市街头陆续出现。
该类车比普通汽车多了一个液化气钢瓶和一个油气转换
器，每充一瓶气可跑300多千米，更重要的是其尾气中
一氧化碳、二氧化碳及碳氢化合物等污染物排放量比汽

太阳能汽车 ▶

油汽车少 90% 左右！

　　绿色交通同时也包括绿色交通系统的建设。一方面在城市交通中我国以国产车为主，旧车居多，其车辆性能质量不高，使用的燃料品质也较低，加上又存在车辆维护保养差等问题，致使这类车辆有害物质排放量大，成为最主要的污染源，所以首先应该加强对车辆尾气污染的监控和治理。具体办法包括实现汽油无铅化，推广使用高品质燃油；加强车辆检查维修力度。另一方面由于近年来车路矛盾急剧恶化，已有交通设施在总量和结构上与快速增长的交通需求不相匹配，交通拥堵严重，车辆行驶缓慢。这不仅加剧了车辆配件的磨损，缩短了汽车使用寿命，更使得机动车排放污染高于常态。因此，改善道路交通环境，提高道路通行能力，疏导交通瓶颈，既是治理城市大气污染的一项重要措施，也是实现绿色交通不可或缺的重要环节。

　　作为运输行业的龙头老大——铁道系统，在"绿色交通系统"的建设中当然不甘落后，自当挑起自己的重担。在十几年前一提到铁路，即使是几岁的小孩子，只要乘过火车，那他一定会对铁路两旁触目惊心的"白色小山"留有深刻的印象。铁路沿线的白色污染不但给旅客造成不便，更为关键的是铁路附近的居民深受其害。为了人类生存发展、为了给子孙后代留下一片青山绿水，铁路系统已经禁止在列车上使用一次性发泡塑料餐具；并加强了对铁路沿线白色垃圾的治理，已基本解决京广、京沪、京哈、京九、陇海、浙赣六大干线的"白色垃圾"污染问题。另外，在铁路建设中的水土保持、生态环境保护等方面也给予了高度重视。相信不久的将来铁路沿线出现的将是郁郁葱葱的绿色屏障，而不再是白色垃圾筑起的高墙……

另外，要真正"赎回"人类赖以生存的新鲜空气，我们还要付出很多努力，譬如加速城市绿地的建设也是"绿色交通"建设的重要内容，因为植物对净化大气污染、改善空气质量具有十分重要的作用。

（马丽华 黄民生 邓文剑）

什么是"API"

～～～～～～～～～～～～～～～～～～～～～～～

　　我们经常在电视和报纸等传媒看见"API"这个字眼。可到底什么是"API"呢？其实，"API"是英文"Air Pollution Index"的缩写，意思是空气污染指数。API指数是由日常监测的大气污染物数据根据国家有关技术规定换算而来的，它以更简单更直观的方式显示了空气环境质量状况。我国是从 1997 年 6 月 5 日开始推行空气质量周报制度的。

　　空气污染指数的确定有一个很重要的原则：空气质量的好坏取决于各种污染物中危害最大的污染物的浓度。空气污染指数是根据环境空气质量标准和各项污染物对人体健康和生态环境的影响来确定污染指数的分级及相应的污染物浓度限值。目前我国所用的空气污染指数的分级标准是：（1）API 50 点对应的污染物浓度为国家空气质量日均值一级标准；（2）API 100 点对应的污染物浓度为国家空气质量日均值二级标准；（3）API 200 点对应的污染物浓度为国家空气质量日均值三级标准；（4）API 500 点对应于对人体产生严重危害时各项污染物的浓度。

表1　空气污染指数（API）与主要污染物浓度的关系

空气污染指数	污染物浓度（毫克/立方米）		
API	TSP	SO_2	NO_x
500	1.000	2.620	0.940
400	0.875	2.100	0.750
300	0.625	1.600	0.565
200	0.500	0.250	0.150
100	0.300	0.150	0.100
50	0.120	0.050	0.050

　　空气质量的好坏反映了空气污染程度，它是依据空气中污染物浓度的高低来判断的。空气污染是一个复杂的现象，在特定时间和地点空气污染物浓度受到许多因素影响。来自固定和流动污染源的人为排放污染物多少是影响空气质量的最主要因素之一，其中包括车辆、船舶、飞机、工业企业、居民生活区、垃圾焚烧等排放的各种废气。城市的人口密度、地形地貌和气象条件等也是影响空气质量的重要因素。

表2　空气污染指数（API）及对应的空气质量级别

空气污染指数（API）	空气质量级别	空气质量状况	对健康的影响	对应空气质量的适用范围
0~50	I	优	可正常活动	自然保护区、风景名胜区和其他需要特殊保护的地区
51~100	II	良	可正常活动	城镇规划中确定的居住区,商业交通居民混合区,文化区,一般工业区和农村地区
101~200	III	普通（轻度污染）	长期接触,易感人群症状有轻度加剧,健康人群出现刺激症状	特定工业区
201~300	IV	不佳（中度污染）	一定时间接触后,心脏病和肺病患者症状显著加剧,运动耐受力降低,健康人群中普遍出现症状	
>300	V	差（重度污染）	健康人群除出现较强烈症状,降低运动耐受力外,长期接触会提前出现某些疾病	

根据我国空气污染的特点和污染防治工作的重点，目前计入空气污染指数的污染物项目暂定为：二氧化硫、氮氧化物和悬浮颗粒物。随着环境保护工作的深入和监测技术水平的提高，再增加其他污染项目，以便更为客观地反映污染状况。

　　随着社会经济的快速发展，工业化水平的提高，人类活动对环境产生的影响越来越大，尤其是在城市集中了大量的工厂、车辆、人口。空气质量由于以上原因，逐渐开始恶化，哪些地方在恶化，恶化程度如何，发展趋势如何，专家关心它，人民关心它，政府更关心它。通过各种媒体渠道发布空气质量状况，是政府为民办实事的一项举措，是环保工作走向与国际接轨的一项基础性工作，它不仅有利于环保工作的公开透明化，也有助于促进公众环保意识的提高和对环保工作的参与。

（应俊辉　黄民生）

土壤侵蚀

〰〰〰〰〰〰〰〰〰〰〰〰〰〰〰〰〰

　　土壤侵蚀是指水、风、冰或重力等营力对陆地表面的磨蚀，或者造成土壤、岩屑的转运、滚动或流失。在自然力的作用下，形成 1 厘米厚的土壤需要 100 至 400 年的漫长岁月，而目前因气候干旱及植被破坏等造成的土壤流失量已超过新土壤的形成量。据统计，全球土壤流失量现已增加到每年 254 亿吨，其中中国约 43 亿吨。土壤过分流失的结果导致沙漠化正以每年 5～7 万平方千米的速度迅速扩展。位于黄河中游的黄土高原，是我国土壤侵蚀最严重的地区，年均水土流失量达 16 亿吨之多，并导致黄河成为"驰名世界"的多泥沙河流。

　　土壤侵蚀直接影响到水、土资源的开发、利用和保护，而水土资源是人类生存最基本的条件。据统计，在 1950～1990 年的 40 年间，我国耕地平均每年受害面积达 0.32 亿公顷，占总耕地面积的 32%，其中旱灾面积达 0.2 亿公顷，而且有逐年扩大的趋势。我国又是泥石流、崩塌、滑坡、地震等灾害较多的国家，平均每年因此类灾害所造成的损失高达 200 亿元以上。在联合国环境与发展会议上，许多专家认为土壤侵蚀和荒漠化的危害可从三个层次上来认识，从全球来看，土壤侵蚀和荒漠化对气候造成不利影响，破坏生态平衡，引起生物物种的损失并导致政治上的不稳定；从一个国家来看，土壤侵蚀和荒漠化会引起国家经济损失、破坏能源及食物生产、加剧贫困、引起社会的不安定；对一个局部地区来说，土壤侵蚀和荒漠化破坏土地资源及其他自然资源，使土地退化，妨碍经济及社会的发展。由此可以看出土壤侵蚀与荒漠化的危害已不是局部问题，它危及全人类的生存、社会稳定和经济发展。土壤侵蚀的危害主要表现在破坏土地、蚕食农田、降低土壤肥力，加剧干旱发展、淤积抬高河床、加剧洪涝灾害、淤塞水库湖泊。

　　良好的植被可以防止水蚀和风蚀。如能选择一些经济价值较高的树草进行种植，则既能起到生态环境保护作用，又能产生经济效益。在降暴雨时，树冠的枝叶阻挡雨滴下落，消耗雨滴的动能。植物残体形成天然地面覆盖层，其中一部分分解腐烂形成土壤团粒，使土壤保持更多的孔隙，增加土壤的蓄水容量。刮大风时，植被减弱了地表风速，表层土壤颗粒不容易被吹走，有利于控制水土流失。

（于学珍　黄民生）

土壤污染

～～～～～～～～～～～～～～～～～～～～～～～～～～

　　全世界人口的数量正在以惊人的速度增长，土地紧缺问题已经直接威胁到人类的生存和社会持续发展。造成土地紧缺的一个主要原因就是土壤污染，那么土壤污染到底是怎么产生的，又会产生怎样的结果呢?

　　土壤是指陆地表面具有肥力、能够生长植物的疏松表层，其厚度一般在 2 米左右，但山地土壤厚度则只不过几厘米到几十厘米。土壤为植物生长、发育提供了适宜的水、肥、气、热等条件。

　　土壤污染的原因很多，如工农业生产中各种废水的排放、大气酸性降水及固体废弃物的倾倒或填埋等等。从污染物的类型看，土壤污染物大致可分为无机污染物和有机污染物两大类。无机污染物主要包括酸碱物质、重金属盐类、放射性物质、砷、硒及氟等非金属化合物等等。有机污染物主要包括有机农药、酚类、石油类、合成洗涤剂以及由城市污水、污泥及厩肥带来的有害微生物等。当土壤中含有害物质过多并超过土壤的自净能力时，就会引起土壤的组成、结构和功能发生变化。有害物质及其分解产物在土壤中日积月累，并通过食物链富集最终被人体吸收，严重危害人体健康。

并且土壤污染更具有隐蔽性和滞后性，它往往要通过对土壤样品进行分析化验甚至通过研究对人畜健康状况的影响才能确定。因此，土壤污染从产生污染到出现问题通常会滞后较长的时间。如日本因土壤镉污染造成的"骨痛病"经过了10~20年之后才被人们所认识并重视。另外，污染物质在土壤中并不像在大气和水体中那样能够得到快速扩散和稀释，这导致被污染土壤的治理和恢复需要很长时间。

因土壤污染造成的经济损失往往是十分惨重的。我国每年生产重金属含量超标的粮食多达1 200万吨，合计经济损失至少200亿元。据报道，1992年全国有不少地区因水稻田受到镉污染已经发展到生产"镉米"的程度，每年生产的"镉米"多达数十万吨，稻米的含镉浓度高达0.4~1.0 mg/kg（这已经达到或超过诱发"骨痛病"的平均含镉浓度）。许多城市销售的蔬菜几乎都受到一定程度的硝酸盐污染。其中，大白菜和青菜的硝酸盐污染最重，其次为菠菜。长期食用硝酸盐污染的蔬菜，会诱发人体消化系统癌变。

（于学珍　王忠华　黄民生）

我们生活在"漏斗"上

～～～～～～～～～～～～～～～～～～～～～～～～～～～

"沉默寡言"的大地因为我们的过分索取，变得不再温驯……中国科学院院士薛禹群曾在《2004科学发展报告》中指出，地面沉降正在不断"发育"，目前已经由沿海地区向内陆大面积扩展。由于深层地下水开采量的增加，我国已形成了以长江三角洲地区和黄淮海平原地区为中心的两大沉降区域。

地面沉降是指在一定区域内所发生的地表水平面下降现象。作为自然灾害，地面沉降的发生有着一定的地质原因，如因地震导致的地面沉降等。但是，目前造成地面沉降的人为因素已大大超过了自然因素，主要包括过度开采石油、天然气、煤和金属等固体矿产、地下水等，其结果地下空洞（或漏斗）越来越多，范围也越来越大。这种情况下，大地不再能承受密集的人口、高大的建筑物等的重压，地面沉降就随之发生。

持续干旱缺水和地下水恶性开采的结果已使我国形成总计 8 万多平方千米的地下漏斗，这约相当于 3 个海南岛的面积，漏斗最深处达 100 多米。地下漏斗极易导致地面沉降等地质灾难。据悉，目前全国有 30 多座城市不同程度出现了地面沉降、塌陷、裂缝等灾害。环渤海地区和胶东半岛有 1 200 多平方千米范围内发生海水倒灌和污（废）水入侵地下水等问题。据悉，河北省沧州市是我国地面下沉速度最快的地区之一，一些市区地面年下沉达 1 米多，从而导致铁路路基、建筑物、地下管道等下沉、开裂，堤防和河道明显出现危机。有资料统计，自 20 世纪 30 年代以来，上海市区地面下降了 1 米多。由于地面沉降引发的事故频频出现。上海某居民小区曾因地面沉降而硬生生将一根口径 300 毫米的煤气管道折断，并导致居民中毒死亡。地面沉降问题引起了上海市政府高度重视，已采取一系列对策，包括"降高度、降密度"的高楼控制、严格限制地下水开采和加强地下水回灌等措施。在地下水开采方面，目前上海市明文规定除战备、城市安全应急备用、科研、优水优用等特殊需要之外，其余深井分阶段、分步骤关闭，原则上不开新井。

有专家建议，可以像国外一些城市那样动态监测地面沉降情况并建立数据库，使各区域的地面沉降值能随时提供给有关职能部门，便于及时掌握、有效应对，也有助于各区域把管理和治理措施落到实处。

（王忠华　董　亮　黄民生）

陆地"杀手"沙尘暴

～～～～～～～～～～～～～～～～～～～～～～～

最近几年，每逢春天都有报道说北京遭到沙尘暴袭击，大白天，整个北京城漫天黄沙，灰蒙蒙的，出行的人们纷纷戴上口罩。沙尘暴过后，一切都被盖上了一层薄薄的"沙被"，一片狼藉。

那么这个神奇的"杀手"究竟是什么呢？其成因有哪些？我们该采取怎样的对策呢？

其实，沙尘暴是一种风与沙相互作用的产物，即由于强风将地面沙尘吹起，使大气能见度急剧降低的现象。沙尘暴形成的原因是多种多样的，其中土壤荒漠化是引发沙尘暴的主要原因之一。

沙尘暴作为一种高强度风沙灾害，它一般发生在那些气候干旱、植被稀疏、表层土壤严重沙化的地区，也就是强风把干旱、沙化的表层土吹起来，并大范围扩散，就形成了沙尘暴。

以我国西北地区为例，沙尘暴多发生在每年的 4～5 月。每年此时，在太平洋上形成夏威夷高压，亚洲大陆形成印度低压，强烈的偏南风由海洋吹向陆地，控制大陆的蒙古高压开始由西向北移动，寒暖气流在此交汇，较重的西伯利亚寒流自西向东来势快，常形成大风（形成沙尘暴的风力一般在 8 级以上，风速约每秒 25 米），为沙尘暴形成提供了动力条件。此外，我国西北地区深居内陆，森林覆盖率不高，大部分地表为荒漠甚至沙漠，再加上春季干旱少雨，就为沙尘暴的形成提供了物质条件——沙源。

沙尘暴原本是一些荒漠化、沙漠化地区的"特有产物"。但人类对环境生态的破坏扩大了沙尘暴的发生范围、增强了它的危害性。例如，我国西北地区由于人们乱垦草地和超载放牧的结果使大片草地变为荒漠，加大了沙尘暴发生的频率和强度。再如，美国在西部大平原开发过程中，也由于大量伐林毁草致使大片草地沦为荒漠，曾导致了 3 次著名"黑风暴"的发生。据 1934 年席卷北美大陆的一次黑风暴事后估计，当时约有 3 亿吨沃土被吹走，其中芝加哥一天的降尘量达 1 242 万吨。

作为典型的环境灾害之一，沙尘暴的破坏力非常大。首先，其会导致人畜死亡、建筑物倒塌。近 5 年来，我国西北地区累计遭受到的沙尘暴袭击有 20 多次，造成经济损失 12 亿多元，死亡失踪人数超过 200 人。其次，沙尘暴大大增加了大气中颗粒物的浓度，给起源地及周边

▲ 沙尘暴天气下骑车上班的市民

地区的大气环境、农业生产及居民生活等造成了长期的、巨大的危害。据报道，我国西北、华北地区发生沙尘暴期间，远在 1 400 千米以外的上海市大气中总悬浮颗粒物含量也明显升高。

防治沙尘暴最主要的方法是防止土壤荒漠化。据权威资料显示，目前全球沙化土壤正以每年 5 到 7 万平方千米的速度扩展，有 10 亿以上的人口、40% 以上陆地受到荒漠化影响。我国荒漠化面积大、分布广、类型多，目前全国荒漠化土地面积超过 262.2 万平方千米，占国土总面积的 27.3%，其中沙化土地面积为 168.9 万平方千米，主要分布在西北、华北、东北 13 个省区。20 世纪 50 年代，中国土地沙漠化的年扩展面积为 1 560 平方千米，到了 90 年代年扩展面积达到每年 2 460 平方千米。据最新监测结果，近年扩展速度还在加快，内蒙古阿拉善地区、新疆塔里木河下游、青海柴达木盆地东南部和河北坝上等地区，土地沙漠化扩展速率年均达百分之四以上。日益加剧的土地沙化已经成为中华民族的心腹之患，中国每天因土地荒漠化造成经济损失达 1.5 亿元人民币。

2003 年 8 月 25 日第六届联合国防治荒漠化公约成员

国大会在古巴首都哈瓦那召开，探讨防治荒漠化的具体措施及公约的财政机制问题。1994年6月7日联合国防治荒漠化公约在法国巴黎通过，各国的科学家也在对如何控制土壤荒漠化做积极的研究，力图找出最好的方法解决问题。

那么怎样才能控制土壤荒漠化呢？植树种草就是十分有效的手段。新中国成立以来我国已建成的联结东北、华北和西北的三北防护林，以及在沙漠边缘植树种草等工程，对防治沙尘暴的发生起了重要作用。据地处陕西省北部的榆林市统计，多年植树种草的结果，不仅减少了沙尘暴发生的沙源，而且削减了风力，使沙尘暴从20世纪50年代的每年66天减少到现在的每年5天，可以说成效明显。只有把沙尘暴这个"陆地杀手"扼杀在"摇篮"中，才不会让它到处"为非作歹"，弄得我们美丽的首都和华北地区一片狼藉。

（董　亮　王忠华　黄民生）

矿山公害

建国 50 年来，我国的采矿业发展很快。截至 1997 年底，国有矿山已达 1 万多个，而乡镇集体矿山和个体采矿点更是达到几十万个。伴随采矿业的发展，我国已兴建了 300 多座矿业城市。但是我国采矿业的快速发展特别是矿产资源不合理地开发、利用，已对矿山及其周围环境造成污染并诱发多种生态和地质灾害，不仅威胁到人民生命安全，而且严重地制约了国民经济的持续发展。矿山公害问题主要有如下方面：

其一是废气污染。主要是粉尘污染及酸雨问题。如煤炭采矿行业废气排放量达 3 954.3 亿立方米/年，多为烟尘、二氧化硫、氮氧化物和一氧化碳。我国西南地区部分省市的土法炼硫对当地的生态环境破坏极大，造成降水严重酸化、植物枯死、水体污染，已成为严重的社会公害。一些矿山区的空气中粉尘含量超标十几倍乃至几十倍。

其二是废水污染。包括矿坑水、选矿及冶炼废水、尾矿池水等。煤矿、各种金属及非金属矿的废水以酸性为主（硫化物氧化为硫酸后溶入水中所致），并含有大量重金属及其他有害污染物（如砷、氰化物）等。大量废水未经有效处理就排放，使土壤或地表水、地下水受到污染，废水流经之处寸草不生。

其三是废渣污染。包括煤矸石、废石、尾矿等。1997 年我国采矿业的废渣量达 58.51 亿吨，堆渣场占地面积 29 160 万平方米。任意堆放的废渣经风吹、雨淋后将污染周边的大气、土壤和水体。

另外还有水土流失及土地沙化和岩溶塌陷及采空区塌陷。矿业活动，特别是露天开采，破坏了大量植被和山坡土体，产生的废石、废渣等松散物质极易导致矿山地区水土流失并发生泥石流。据对全国 1 173 家大中型矿山调查，水土流失及土地沙化面积分别达到 1 706.7 公顷和 743.5 公顷，用于治理和恢复的费用已达 2 393.3 万元。岩溶塌陷是岩溶充水矿床疏排地下水所引起的。塌陷不仅出现在煤矿而且也出现在有色金属、黑色金属矿山。从地理分布看，这类人为造成的地质灾害几乎遍布我国南方各省，尤以湘、粤、鄂、桂、赣诸省居多，塌陷区面积为 84 201.4 公顷。另外，采用水溶法开采岩盐所形成的地下溶腔，也会导致地面沉陷。采矿所诱发的地震（简称矿震）也是矿山主要环境问题之一，并在国内的一

▲ 除尘器能有效地消除煤矿烟尘污染

些盐矿区时有发生。

那么针对上述矿山公害，我们该采取哪些措施和对策呢？以下分别予以介绍。

首先是"三废"治理。主要是对矿山窑炉的烟尘治理、各种生产工艺废气中物料回收和污染的处理。近年来，云南、贵州两省，由于加强了对土法炼硫的环境管理，坚决取缔土炉的同时，推广炼硫新技术，污染防治工作已初见成效。如云南省镇雄县已基本完成了土法炼硫的技术改造，使废气中硫的回收率从 60% 提高到 80% 以上，炼硫厂区周围大气中二氧化硫的日平均浓度已达到国家 GB 3095-82 三级标准（<0.25 mg/m^3），炼硫厂附近绿色植物生长正常，植被逐渐恢复。

我国矿山排放的废水种类主要有酸性废水、含悬浮物的废水、含盐废水和选矿废水等。为防止对环境的污染，目前主要从改革工艺、更新设备、减少废水排放，提高水的重复利用率；以废治废、将废水作为一种资源综合利用三个方面进行治理。煤炭采选业矿酸性废水的处理和回用提高较快，废水外排达标率为 90.56%，回用量为 2.12 亿吨；洗煤水闭路循环再用的洗煤厂达到几百个，煤泥流失量也大大减少。近十多年来，有色金属工业废水治理有了较大的发展，废水治理从单项治理发展到全面规划、综合治理。矿业用水复用率逐年提高，1973 年仅 12%，1987 年达到了 58%，从废水中回收有价值金属也产生了可观的经济效益。

矿山废渣的处理主要是综合利用，即废渣减量后开展资源化、能源化回用。这是一项保护环境又增产节约的有效措施。据统计，1996 年国有重点煤矿利用煤矸石为 3 470 万吨，占当年排出量的 48.5%，其中用于发电燃料 800 万吨，建材原料 590 万吨，筑路材料 360 万吨，充填材料 990 万吨。自 1991～1997 年间，随着工业的发展，固体废物排放量增加，但其综合利用率也有所提高（从 1991 年的 37.92% 增加到 1997 年的 45.64%）；矿渣贮存总量及侵占土地面积自 1996 年后开始下降。

其次是采空区土地及废渣场复垦。土地复垦就是对土地进行平整并植树种草，这不仅可以改善矿山环境，还可恢复大量土地的使用价值，因而具有良好的社会效益、环境效益和经济效益。20 世纪 60 年代以来，我国一些矿山陆续开展复垦工作，近十年来，复垦工作逐渐被各矿山所重视，并取得较明显成效。但总的来看，我国目前矿山土地复垦率还较低，只是局部性或零星地恢复利用，复垦率仅 1%，其中冶金矿山相对较高，达 10%。

另外还有泥石流及岩溶塌陷的防治。矿山泥石流通常发生在排土初期。对矿山泥石流防治的关键是预防。我国目前所采取的预防措施主要有，合理选择剥离物排弃场场址，慎重采用"高台阶"的排弃方法；清除地表水对剥离排弃物的不利影响；有计划地安排岩土堆置、复垦等。对泥石流的治理，可采取绿化措施（如植树、种草），但其时间长、见效慢。目前除加强排土场和尾矿库的管理外，大多采用工程治理措施，主要是拦挡、排导及跨越措施。我国对岩溶塌陷的防治工作开始于20世纪60年代，目前已有一套比较完整和成熟的方法。防治的关键是在掌握矿区和区域塌陷规律的前提下，对塌陷作出科学的评价和预测，即采取以早期预测、预防为主、治理为辅、防治相结合的方法。

首先是塌陷前的预防措施，主要有合理安排矿山建设总体布局；河流改道引流，避开塌陷区；修筑防洪堤；建造防渗帷幕，控制地下水位下降速度和防止突然涌水，以减少塌陷的发生；建立地面塌陷监测网。其次是塌陷后的治理措施，主要有塌洞回填；河流局部改道与河槽防渗等。

自20世纪70年代起，为防治因疏排地下水而引起对矿山地区水资源均衡的破坏及地面塌陷等环境问题，我国一些矿山相继采用防渗帷幕、防渗墙等工程措施，取得了显著的环境效益和经济效益。如淄博黑旺铁矿采用防渗帷幕工程后，堵水效果达61%。

除此之外，我国运用各种管理措施及经济手段促进矿山生态环境保护。一方面是在矿山建立相应的环境保护管理机构和监测体系。目前，一般大型矿山设置环保处，中、小型矿山建立环保科或组。矿山企业中的环境保护人员主要包括：矿山环境管理人员、环境监测人员、污染治理人员和复垦造田人员等。另一方面是运用经济手段，矿山企业环保设施的投资是矿山总投资的一部分，主要用于以下几个方面：三废处理设施、噪声防治设施、放射性保护设施、环境监测设施、复垦造田工程等等。这些投资的来源，大致有以下几个方面：新建及改扩建项目的工程基建投资；主管部门和企业自筹资金；排污回扣费，即环保补助资金。为保证环保资金的落实到位，国家和各省、市、区也制定了相应的法规，例如福建省1990年颁布的《福建省经济委员会、财政厅、环境保护局、煤炭工业总公司关于做好煤矿生态环境保护费征收、使用和管理工作的通知》是直接针对矿山环境保护经济政策方面的一个法规，其有关经验值得学习、借鉴。

（董　亮　王忠华　黄民生）

泥石流

～～～～～～～～～～～～～～～～～～～～～～～～～～

　　泥石流是山区沟谷中，由暴雨、冰雪融水等水源激发的、含有大量泥沙石块的特殊洪流。它往往突然暴发，来势凶猛，浑浊的流体沿着陡峻的山沟前推后拥、奔腾咆哮而下，地面为之震动，山谷犹如雷鸣，在很短时间内将大量泥沙石块冲出沟外，在宽阔的堆积区横冲直撞、漫流扩散，常常给人类生命财产造成很大危害。我国有四大泥石流多发地，甘肃的陇南就是其中之一。秋高气爽时节，如沿着 212 国道从兰州出发，还没有跨入陇南境地，便目睹了泥石流的凶猛：山坡上，顺流滚下的大大小小的石块，密密麻麻地淤满蜿蜒的盘山道；沟壑间黄土裸露，浮石犬牙交错，一副狰狞恐怖的形象。

　　泥石流的种类其实是五花八门的。人们按照泥石流中物质的成分将其分成为两大类：一是黏性泥石流，其特征是黏性大——固体物质占40%～60%，最高达80%，水不是搬运介质，而是组成物质；稠度大——石块呈悬浮状态。这类泥石流暴发突然，持续时间短但破坏力大。二是稀性泥石流，以水为主要成分，黏性土含量少，水为搬运介质，石块以滚动或跃移方式前进，具有强烈的破坏作用，其堆积物在下游呈扇状散开，停积后似"石海"。除此之外泥石流还有多种分类方法。如按泥石流的成因分类有冰川型泥石流、暴雨型泥石流；按泥石流沟的形态分类有沟谷型泥石流、山坡型泥石流；按泥石流流域大小分类有大型泥石流、中型泥石流和小型泥石流；按泥石流发展阶段分类有发展期泥石流、旺盛期泥石流和衰退期泥石流等等。

那么，形成泥石流有哪些基本条件呢？

泥石流的形成必须同时具备以下三个条件：陡峻的地形地貌、丰富的松散物质、短时间内有大量的水资源。

第一是地形地貌条件。在地形上具备山高沟深、地势陡峻的特点，沟床纵坡降大、流域形态便于泥石流汇集。在地貌上，泥石流的地貌一般可分为形成区、流通区和堆积区三部分。上游形成区的地形多为三面环山、一面出口的瓢状或漏斗状，地形比较开阔，周围山高坡陡，山体破碎，植被稀疏，这样的地形有利于水和碎屑物质的集中；中游流通区的地形多为狭窄陡深的峡谷，谷床纵坡降大，使泥石流能够迅猛直泻；下游堆积区的地形为开阔平坦的山前平原或河谷阶地，使碎屑物有堆积场所。

第二是松散物质来源条件。泥石流常发生于地质构造复杂，断裂褶皱发育、新构造活动强烈、地震烈度较高的地区。地表岩层破碎，滑坡、崩塌、错落等不良地质现象普遍，为泥石流的形成提供了丰富的固体物质来源。另外，岩层结构疏松软弱、易于风化、节理发育，或软硬相同成层地区，因易受破坏，也能为泥石流提供丰富的碎屑物来源；一些人类工程经济活动，如滥伐森林造成水土流失，开山采矿、采石弃渣等，往往也为泥石流提供大量的物质来源。

第三是水源条件。水既是泥石流的重要组成部分，又是泥石流的首要激发条件和搬运介质（动力来源）。泥石流的水源有暴雨、冰雪融水和水库（池）溃决水等。我国泥石流的水源主要是暴雨和长时间的连续降雨等。

泥石流大都具有暴发突然、来势凶猛之特点，并兼有崩塌、滑坡和洪水破坏的双重作用，其危害十分严重，具体表现在如下四个方面。

第一是对居民点的危害。泥石流最常见的危害之一是冲进乡村、城镇，摧毁房屋、工厂及其他场所、设施，往往造成村毁人亡。1969 年 8 月，云南大盈江流域弄璋区南拱泥石流使新章金、老章金两村被毁，97 人丧生，经济损失近百万元。

第二是对公路、铁路的危害。泥石流可直接埋没车站、铁路、公路，摧毁路基、桥涵等设施，致使交通中断，还可导致正在运行的火车、汽车颠覆，造成重大的人员伤亡事故。有时泥石流汇入河流，淤塞河道，间接毁坏公路、铁路及其他构筑物，甚至迫使河流改道、道路改线，造成巨大经济损失。例如甘川公路394公里处对岸的石门沟，1978年7月暴发的泥石流堵塞了附近的白龙江，公路、护岸及渡槽也全部被毁。该段线路自

1962年以来，由于受对岸泥石流的影响已3次被迫改线。新中国成立以来，泥石流给我国铁路和公路造成了难以估计的巨大损失。

第三是对水利、水电工程的危害。主要是冲毁水电站、引水渠道及过沟建筑物，堵塞水电站尾水渠，并淤积水库、磨蚀坝面等。

第四是对矿山的危害。主要是摧毁矿山及其附属设施，淤埋矿山坑道、伤害矿山人员、造成停工停产，甚至使矿山报废。

从上述可知，不断爆发的泥石流灾害，使得一些地区有"山比云高，水比城高，路比门高"之说，当地社会经济发展受到了严重的制约。因此，我们必须采取强有力的应对措施。

其一是植被恢复工程。由于森林植被的多少与流域的侵蚀量有密切的关系，良好的植被，特别是茂密的森林是水土保持的首要条件，提高森林覆盖率是防止泥石流发生的有效措施。

其二是跨越工程。是指修建桥梁、涵洞，从泥石流沟上方跨越通过，让泥石流在其下方排泄，用以避防泥石流的破坏作用。这是铁道部门和公路交通部门为了保障交通安全常用的措施。

其三是穿过工程。指修隧道和渡槽，从泥石流沟下方通过，而让泥石流从其上方排泄，这是铁路和公路通过泥石流地区的又一主要工程设施。

其四是防护工程。指对泥石流地区的桥梁、隧道、路基及附近河道建设一些防护性构筑物，用以抵御或消除泥石流对它们的冲刷、冲击、侧蚀和淤埋等损害。防护工程主要有护坡、挡墙、顺坝和丁坝等。

其五是排导工程。其作用是改善泥石流流势、增大桥梁等建筑物的泄洪能力，使泥石流按设计意图顺利排泄。排导工程包括导流堤、急流槽、束流堤等。

另外还有拦挡工程。用以控制泥石流的固体物质和雨洪径流，削弱泥石流的流量和破坏力，以减少泥石流对下游工程设施的冲刷、撞击和淤埋等危害。拦挡措施有拦渣坝、储淤场、支挡工程、截洪工程等。

泥石流的防治常采取多种措施相结合，这比使用单一措施更为有效。自然灾害是无情的，但我们可以通过预测和采取防治措施把它们造成的危害降低到最小。

（李华芝　黄民生）

利用植物修复重金属污染土壤

~~~~~~

重金属不同于有机物，它不能被生物所降解，它们可以在环境中长期残留，大大降低了土壤的应用价值，并会通过食物链最终进入人体而造成健康危害。

土壤一旦被重金属污染，其治理将是一件十分困难和代价昂贵的工作。国外专家估计，靠挖掘与掩埋方法解决重金属污染土壤治理平均每英亩至少需要花费 10 万美元。相比而言，利用植物对重金属污染的土壤进行修复是一个很有前景的选择，具有费用低廉、不破坏场地结构、不造成地下水二次污染、可以美化环境等优点。自从 1983 年利用超富集植物清除土壤重金属污染的思想提出以来，重金属污染土壤的植物修复研究已成为环境科学的热点和前沿领域之一。那么，植物是通过怎样的途径去除土壤中的重金属的呢？主要有如下三方面。

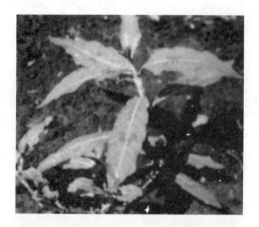

▲ 上图为刺蓼；下图为开花的刺蓼

植物固定。利用植物及一些添加物质使环境中的重金属流动性降低，使重金属对生物的毒性降低。

植物挥发。某些植物可以将吸收的化合态汞还原为单质汞，并通过挥发将它们从土壤中去除。而另一些植物可以将环境中的单质硒转化为气态有机硒（二甲基硒和二甲基二硒等）从土壤中挥发去除。

植物吸收。是目前研究最多并且最有发展前景的一种利用植物去除环境中重金属的方法，它是利用能耐受并能过量积累重金属的植物来吸收环境中的重金属离子，并将它们输送并贮存在植物体的地上部分。美国能源部认为，能用于重金属污染土壤修复的植物应具有以下几个特性：（a）即使在重金属含量很低时也有较高的积累速率；（b）能在体内过量积累重金属；（c）能同时积累几种重金属；（d）生长快，生物量大；（e）具有抗虫抗病能力。

运用植物修复治理重金属污染的土壤环境其关键问题在于筛选对重金属具有超富集（超积累）的植物种类。经过国内外科学家大量野外调查及实验室研究，已经找到了几百种能过量吸收重金属的植物。如，纸皮桦、红树植物、藓类和地衣以及藻类对汞都有比较高的累积量，某些芥菜型油菜品种对镉具有良好的超积累吸收作用，而蒲公英、龙葵和小白酒花等植物对镉—铅—铜—锌复合型污染的土壤具有良好的修复功能。近年来，我国环境保护工作者在安徽省铜陵市笔架山铜矿区的野外调查中发现了两种对铜具有很高富集能力的野生植物——刺藤（又称刺蓼）和鸭跖草，结果发现它们对铜矿区土壤中铜具有很强的积累，其中刺藤的叶片和茎中铜积累浓度分别可以达到293微克/克和178

▲ 上图为鸭跖草；下图为龙葵

微克/克以上，这样通过收割可以将铜从土壤中清除。专家认为，虽然这两种植物各器官中的铜含量尚未达到超积累植物的公认标准（500微克/克），但因它们生物量大，而且在铜矿区内广泛分布，因此在铜污染矿区的修复中具有良好的应用价值。

（黄民生　李孔燕）

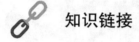

知识链接

重金属

　　如：金、银、铜、铅、锌、镍、钴、铬、汞、镉等大约45种。从环境污染方面所说的重金属是指：汞、镉、铅、铬以及类金属砷等生物毒性显著的重金属。对人体毒害最大的有5种：铅、汞、铬、砷、镉。这些重金属在水中不能被分解，人饮用后毒性放大，与水中的其他毒素结合生成毒性更大的有机物。

白色污染

乘火车南下或北上时，最刺激你神经的风景是什么？以往问乘客这一问题时，回答从青山绿水到落日孤烟，千奇百怪，见仁见智。而如今，答案却出人意料地相似——甚至几岁的孩童都会回答你：铁道两边的塑料餐盒和废塑料袋，真恶心！当你眼看着公园里的小麋鹿因胃里塞满着塑料袋而悲惨死去的时候，你会有怎样的感想?！

1909 年美国化学家贝克兰发明合成塑料时，人类是怎样的狂喜！而今天，人们在享受塑料制品所带来的方便生活的同时，却不禁被其衍生出的"白色污染"问题深深地困扰。可以这样说，现代人类对塑料包装物已经到了"难分难舍，爱恨交加"的地步。一方面，塑料包装物因其能适应现代化生活节奏，方便、轻巧又便于携带和存放，已经成为人类生活的必需品，其产量和使用量在逐年上升。另一方面，许多塑料制品使用后被人们弃置于环境，它们数月乃至上百年不腐烂、不降解，且重量轻、体积大、数量多，或随风飘舞，或挂于树梢，或充塞于河道，或积存于土壤中，使之像恶魔一样对人类的环境及生存造成巨大的影响。

其实，"白色污染"一词并不是专指白色塑料。该词的来源应始于20世纪80年代中期，由于农用地膜大量使用后不能及时回收而残留于农田地头及挂于树梢等处产生的一种视觉上的污染，称为"白色污染"。此后，"白色污染"一词就广为流传。目前所说的"白色污染"是泛指经一次性使用后未经合理的收集和处理而造成环境污染的所有塑料废弃物，主要包括农用薄膜、塑料包

白色塑料垃圾▶

装袋（如购物袋、食品袋、垃圾袋）及一次性快餐具等。

那么，塑料制品到底有哪些危害性呢？

其一是危害人类健康。科学研究表明，长期使用一次性发泡塑料餐盒会损害人体肝脏及肾脏，还有可能干扰人体内分泌，造成生育能力下降以及男性的雌化现象。"禁白"专家一语惊人：发泡餐具含有多种对人体有害的毒素。经过专家最新研究发现，发泡塑料在高温下会产生十多种有毒物质，由于人们习惯于热饭、热菜、热汤的饮食方式，因此一次性发泡餐盒里的有毒物质在高温下释放并被食物吸收而危害人体健康。所以，从一定意义上讲，"禁白"实际就是"禁毒"。近年来，一些不法厂商利用垃圾站收拣的废旧塑料包装物和医疗机构丢弃的塑料垃圾回收加工生产再生塑料，这些产品往往含有严重超标的病菌和有毒化学物质，如用它们作为食品袋或快餐盒，对消费者的身体健康将造成极为严重的后果。另外，随风飘舞的废弃塑料袋还是各种病原体的"载体"。

其二是恶化土壤环境，危害作物生长。据调查，我国农田农膜年残留量中棚膜为 3.06 kg/ 公顷，残留率为 1.3%；地膜为 10.5 kg/ 公顷，残留率为 12.3%。有些蔬菜、花生耕地农膜残留率甚至高达 40%~60%。此外，城市垃圾中废弃塑料制品也因分拣、回收不彻底，而与其他成分一起运入农田作肥料，将对土壤和作物的生长发育产生不良影响。一方面，由于塑料残片的空间阻隔，导致土壤水分迁移受阻，孔隙度、通透性降低，不利于土壤空气的循环及交换，致使土壤中二氧化碳含量过高，不利于作物正常生长发育。另一方面，有些塑料制品（如聚氯乙烯类塑料）及其添加剂中含有有害成分，会抑制种子萌发，或会使出芽、幼苗灼伤。此外，塑料制品中的增塑剂（邻苯二甲酸酯类化合物）对植物有毒害作用，特别对蔬菜有较大危害，而且邻苯二甲酸酯类化合物（环境激素类物质）也能从各种途径进入环境，污染食品、粮、菜等，且有明显的富集作用，进入食物链影响人畜健康。

其三是造成大气污染和视觉污染。塑料制品的直接燃烧会造成严重的大气污染，毒害人体健康。许多塑料其燃烧过程中生成如多环芳烃、二噁英、多氯联苯、甲醛、氯乙烯、苯乙烯等，其中的许多污染物都具有很强的致癌作用。视觉污染是指散落在环境中五颜六色的废塑料制品对市容、景观的破坏。在居民区、旅游区、水体、铁道旁散落的废塑料给人们的视觉带来不良刺激，已成为公害之一。

那么，对于这些令人棘手"白色污染"的问题，我们该如何应对呢？事实上，近年来我国从政府到平民百姓已经开始向"白色污染"宣战。国家环保总局1997年8月19日发布了《"白色污染"的现状及防治对策研究》的通知，提出了"白色污染"的治理对策应是"以教育宣传为先导，强化管理为核心，回收利用为手段，产品替代为补充措施"的防治原则，同时批准北京和天津两城市作为试点，开展塑料废弃物回收利用工作。

从1997年9月1日起北京凯发环保中心根据北京市

环保局和北京市工商局发布的《关于对废弃一次性塑制餐盒必须回收利用的通告》，积极组织餐具生产企业和销售单位共同进行一次性餐具的回收利用工作，目前回收率已达 50%，每月平均回收废旧餐具 100 吨以上，并全部进行再生利用，大大减少了一次性餐具的污染和资源的浪费，为彻底有效地治理"白色污染"提供了一条切实可行的技术路线。目前，该环保中心在北京市设有十个回收站，以每吨 2 000 元的价格进行废旧一次性发泡餐具的收购工作，并配有回收专用车进行运输。此举措大大改善了首都市容形象，减少了城市垃圾的运输量，节约了填埋场大量的土地，使"白色污染"的治理形成了从生产—销售—使用—回收—运输—再生利用一条龙的系统工程，为全国乃至世界各国的"白色污染"治理起到了良好的示范作用。

许多专家认为，治理白色污染不仅要靠技术创新和法令政策，更要依靠每个人在点点滴滴的日常生活中从我做起，即提高环保素质。不论是塑料制品的生产者、经营者，还是它们的使用者都要充分重视白色污染对生态环境和人类健康的严重危害性，从实际行动上控制塑料制品的生产、销售、使用量，对废旧塑料制品尽量多次反复使用，妥善回收、处理和利用废弃塑料制品，等等。总之，治理环境首先要管好自己，善待环境也就是善待自己。

（王忠华　黄民生）

白色污染

　　所谓"白色污染"，是人们对塑料垃圾污染环境的一种形象称谓。它是指用聚苯乙烯、聚丙烯、聚氯乙烯等高分子化合物制成的各类生活或生产塑料制品在使用后被弃置成为固体废物，由于随意乱丢乱扔并且难于降解处理，以致造成城市环境严重污染的现象。

　　"白色污染"会对环境产生两种危害，即"视觉污染"和"潜在危害"。视觉危害是指散落在环境中的废塑料制品对市容、景观的破坏。在居民区、旅游区、水体中、铁道旁散落的废塑料给人们的视觉带来不良刺激，影响城市、风景点的整体美感。潜在危害是指废塑料制品进入自然环境后难以降解而带来的长期的深层次生态环境问题。

可降解塑料：给人类环境和健康更多一点保障

~~~~~~

　　如前所述，塑料已是人类生产和生活中不可少的必需品。目前全世界每年生产的塑料约有 120 兆吨，用后废弃的量大约是生产量的 50%～60%。在我国城市垃圾中塑料废品约占 7%，有的地区则高达 15%，这些废塑料不易降解，危及人们的生存环境，以至于形成 20 世纪以来最大的公害之一。针对这一问题，一些国家制定并实施 3R 工程来防治塑料污染，即减少使用（Reduction）、重复使用（Reuse）和回收循环（Recycle）。但是在一些回收困难或回收后需要追加很大代价的场合（如食品包装、卫生用品等），3R 工程的实施仍然有一定的困难。因此，可降解塑料就成了当今广大塑料工作者研究的重点领域。

　　可降解塑料通过优化选择生产原料和制作工艺，使得塑料制品的降解性能获得明显提高，经过数天或几个月的日晒雨淋及微生物的共同作用，由完整的形状逐步分解为碎片，直至最终全部降解。因此，与传统的不可降解或难降解塑料相比，可降解塑料不仅对环境和人类健康的危害性大大降低，还可节约宝贵的石油资源，废弃的可降解塑料易于进行堆肥化处理，从而实现资源的循环利用。

依据降解途径的不同，可降解塑料有光降解、光／生物降解、光／碳酸钙降解、光／氧／生物降解、完全生物降解、崩坏性生物降解等多种类型。可降解塑料的生产原料主要有：生物原料（植物组织或微生物发酵产物）、添加剂（如光敏剂等）、填充剂（如碳酸钙等）、黏接剂（如胶水、树脂）等。在实际生产中，可以将这些原料按一定的比例进行复配并加工成不同类型的可降解塑料制品，相应地，它们的使用功能和降解性能也存在一定的差异。

我国可降解塑料的开发始于20世纪70年代中期，到90年代已经初具规模。伴随着人们对环保的日益重视和生产工艺、技术的日趋成熟，我国的可降解塑料产业正处于快速发展时期。其中光／生物降解、可环境降解塑料地膜先后列入国家"八五"、"九五"重点科技攻关计划；变性淀粉及其生物降解功能母料和制品1999年被国家计委列为产业化示范工程项目。总体而言，除合成型光降解、完全生物降解塑料外，我国降解塑料的研究开发进程基本上与世界同步，技术水平和世界先进水平接近。目前，可降解塑料制品已经大批"进军"我国工农业生产和居民生活等多个领域，开发的主要产品有地膜、育苗钵、肥料袋、包装膜（袋）、食品袋、垃圾袋、快餐盒、饮料杯、台布、手套、高尔夫球座等。

有了可降解塑料，"白色污染"的治理是否已经高枕无忧了呢？事实上，并非如此。专家认为，可降解塑料彻底替代传统塑料，还将有很长的一段路要走。首先，目前的可降解塑料制品其生产成本还较高，仅就价格而言，在市场销售上还处于相对劣势。其次，可降解塑料制品的使用性能还需要进一步提高，如阻隔性能、不透湿性能等方面都还不尽如人意。另外，一些可降解塑料制品中有害添加剂问题、有些假冒伪劣塑料产品打着可降解的旗号进入市场流通问题等等，都是妨碍可降解塑料产业健康发展的重要原因。除进一步降低生产成本、提高使用性能外，政府和社会通过制定相关政策措施、加强环保宣传、引导绿色消费将会起到重要的作用。有专家认为，优先开发和应用适合于医学、光电子化学、精细化工等高新技术、附加值大行业的可降解塑料制品，可以获得良好的效果。如药品缓释胶囊、外科医用材料等医疗卫生产品；录音介质材料、液晶显示材料、光学薄膜、光电摄影调色剂等；家用电器的缓冲包装材料等。

总之，虽然可降解塑料还存在许多问题，但我们相信，随着技术的进步、可降解性能的不断提高、成本的降低及公众环保意识的增强，可降解塑料的应用将越来越广泛。可降解塑料的研究开发和应用，无论从环保角度还是从其自身的学术价值都有重要意义，前景乐观。为了保护环境，请大家在日常生活中尽可能多地购买和使用可降解塑料制品吧！

（李华芝　于学珍　黄民生）

 ## 知识链接

可降解的塑料

可降解的塑料一般分为以下几类：

光降解塑料，在塑料中掺入光敏剂，在日照下使塑料逐渐分解。

代降解塑料，其缺点是降解时间因日照和气候变化难以预测，因而无法控制降解时间。

生物降解塑料，在微生物的作用下，可完全分解为低分子化合物的塑料。其特点是贮存运输方便，只要保持干燥，不需避光，应用范围广，不但可以用于农用地膜、包装袋，而且广泛用于医药领域。

光／生物降解塑料，光降解和微生物相结合的一类塑料，它同时具有光和微生物降解塑料的特点。

水降解塑料，在塑料中添加吸水性物质，用完后弃于水中即能溶解掉，主要用于医药卫生用具方面（如医用手套），便于销毁和消毒处理。

电子垃圾：异军突起的环境新杀手

电子垃圾是指废弃的电脑、手机、洗衣机、微波炉、电视机等一类性质特殊的固体废弃物。这个异军突起的环境新杀手对人类产生的危害日趋严重，已引起了社会各界人士的担忧。举例来说，一台电脑使用的元件超过700个，其中大约一半含有各种各样的有毒化学物质，如显示器中的铅、镉、汞、铬等重金属和聚氯乙烯塑料等。废弃手机的电池和其他配件也含有砷、汞、锑、镍、金等有毒污染物。目前，电子垃圾通常与其他城市垃圾一起被扔在开阔地、垃圾填埋场、垃圾焚化场里，只有比例很少的一部分被回收。被堆放和填埋的电子废物中的化学物质会溶出，有些成分还会汽化，从而对土壤、水体和大气造成严重污染，最终将危害人类和其他生物。如美国卫生部的调查显示，硅谷的地下水污染就比美国的其他地方要严重得多。废旧电脑如果采用焚烧的方式处理，其塑料成分和某些金属物质都会释放出有害人体健康的有毒气体，如剧毒的呋喃等，并产生破坏臭氧层的物质。

电子垃圾是世界上增长速度最快的城市垃圾。美国的废弃电脑每年发生总量达到上亿吨，而最令人担心的是这些电子垃圾中的50%～80%要"出口"到发展中国家去。尽管远隔万里重洋，发达国家的一些公司也"不辞辛劳"。曾有统计结果表明，世界上平均每5分钟就有一艘满载有害废物的船只进行跨国越境转移，有的甚至采用"扔了就跑"的手法。俗话说：千里送鹅毛，礼轻情义重。发达国家送来的这份"礼"，不仅数量大，分量也不轻。但是发达国家在向外"送礼"时似乎"忽视"了这些"礼物"对他国人民造成的危害。如广东省潮阳市某镇就有全国罕见的废电脑垃圾场，每年有大量的电子垃圾从外国运来，他们把旧电脑拆开，燃烧塑料和电路板，或将电子部件放到硫酸池中浸泡，试图从中回收贵金属，大量的电脑部件被丢弃在河边、田头，环境中充满了有毒物质，水源更是遭到了严重污染，当地饮用水中有害物质含量竟然超过世界卫生组织规定标准的190倍，居民们不得不用卡车从30千米以外的地方拉水喝。不仅如此，从事这种高危工作的工人，每天仅仅得到10元人民币左右的报酬。这完完全全是在用19世纪的原始方法处理21世纪的高科技垃圾！与其说是发达国家把垃圾转给其他国家回收，不如说是把可怕的祸害转嫁给了他国人民。

尽管人类社会已经对电子垃圾这一新兴的现代垃圾拉响了环保警报，但实际操作中存在的问题还很多。国家环保总局有关人士表示，目前电子垃圾已列入回收项目，但旧电脑回收归哪个部门管还没有定论。企业和商家认为他们只管电子产品的生产与销售，回收问题现在尚未涉及。目前许多商贩几乎都是将旧电脑翻新后作为二手电脑出售，实在不能用的，就把芯片回收，将废机箱和显示器当垃圾扔掉。而二手电脑从大城市流入小城镇或乡村，那里往往成为各种污染的最终受害地。

目前，各国都在积极探索可生物降解以及节能的"绿色电脑"生产材料。1996 年，德国弗赖堡环保研究所同 5 家电子企业研制出一种利于环境保护的"绿色电视机"。这种"绿色电视机"比传统电视机节能 40%，并由厂商完全负责从制造、经销到使用、回收的一条龙服务。IBM 公司也已开始制造"绿色电脑"机箱，这种机箱全部采用可再生处理的聚碳酸酯和 ABS 塑料混合物（通称PCABS）制造。选择这种原料，除了可以满足设计要求及技术性能以外，还可以在基本原料中添加一些工业废塑料，并且无需在机箱外表覆盖涂料。同时，这种机箱的生产成本也比常规机箱低 20%。

针对电子垃圾危害的严重性，有些国家和地区已经着手制定一些相关的法律。如欧盟在减少电子废弃物方面带头采取措施，要求生产商负责回收他们的产品，这被称作"扩大生产商责任制"，因为只有要求生产商承担废品回收的经济责任，才能更有效地促使他们在设计、制造产品时使用危害小的和可回收的材料。美国加利福尼亚州等地已经下令禁止将电子垃圾与一般城市生活垃圾一起处理，马萨诸塞州则禁止通过填埋和焚烧的方式处理废弃电脑。随着我国电脑用户的不断增加，废弃电脑污染带来的问题将越来越严重，应该及早采取预防措施，更应该抵制"电子垃圾"的进口，避免走先污染后治理的弯路。

（李华芝　于学珍　黄民生）

知识链接

电子废弃物的利润亮点

从 1t 随意搜集的电子板卡中，可以分离出 286 lb 铜、1 lb 黄金、44 lb 锡，其中仅 1 lb 黄金的价值就是 6 000 美元（1 lb = 0.453 59 kg）。废旧电脑中的中央处理器、散热器、硬盘驱动器等元件富含铜、银、黄金、铝等贵重金属；电脑外壳、电源线、键盘、鼠标中也富含铜和塑料；空调、冰箱的外壳、制冷系统中含有成分比较单一的铁、铝、铜、塑料；其他的取暖器具、清洁器具、厨房器具、整容器具、熨烫器具同样富含大量的铁、塑料等。

核废料污染与治理

第二次世界大战行将结束时，美国在日本投下了两颗原子弹，让人们"见识"了核武器的威力。此后，核技术被广泛应用于人们的生活，核电站的建造使人们仿佛看到了"清洁的电能"。但是随之而来的问题就是如何处置放射性核废料，这是现代人类社会所面临的最严重的问题之一。为了使核废料的运输、存放、处理无损于人类的生存环境，世界各国纷纷展开了一场攻坚战。以下介绍主要几种技术方法。

方法之一是利用多孔材料来减少液体核废料贮运危险。俄罗斯科学院西伯利亚分院化学与化学工艺研究所发明了一种新型吸收材料，主要用于解决放射性核废料的运输和贮存问题。因为用过的核燃料呈液体状，最初，无论是俄罗斯还是其他国家，都是直接将其送到地下很深的扁豆状矿体中的。但是结果发现，这样做并不安全，因为地震有可能重新将液体放射性物质喷出地表。于是俄罗斯开始研制将液体废料变成固体废料的工艺，直接将水从液体废料中蒸发掉，生成的沉淀物与液态玻璃混合在一起进行固化。然后，将固化后得到的物质密封在专用桶内，再外运贮存。

该研究所发明的多孔材料由玻璃结晶微球粒组成，放射性液体充满在微球粒中，并形成结晶。此后再加热处理，将它的空隙封闭，放射性液体即被密封在该材料内部，而且分布十分均匀。然后，再把它制成适合运输的块体。目前，该研究所发明的多孔材料，已在俄罗斯核中心成功地通过了试验。

方法之二是将核废料深埋于地下并衰变至无害。英国地质学家弗格斯·吉布博士提出，把强辐射性核废料埋到近 5 000 米的地下，让它的热量把自己封闭起来，这也许是一种最安全和最廉价的处理方法。目前，他已建立了一所实验室，并且在理论上证实可以把强辐射性核废料安全地封藏在地下，直到它们衰变至对环境无害的程度。吉布博士的实验第一次揭示了在 900 ℃的高温下，核废料能够在几天内将其周围的岩石熔化，然后在几个月内，熔化的岩石慢慢地冷却，并再结晶，从而把核废料封闭起来。根据该计划，每个容器长约 4 米，每个钻孔能放 50 个容器，这样每个钻孔就能处理相当于 50 立方米的强辐射核废料。预计到 2020 年，英国采用这种方法将能处理 2 000 立方米的强辐射核废料。吉布博士预言，他的计划可以节省经费，因为这种处理方法不需要任何维护。从环境方面考虑，把强辐射核废料重新埋进地壳——甚至比挖出它的地方还要深，也许是最好的选择了。

方法之三是应用超级结晶物来安全存放核废料。由美国洛斯·阿拉莫斯实验室科学家希克法斯领导的一个研究小组通过实验发现了一种能承受核废料长期辐射的"超级结晶物"。据悉，这种结晶物经过加工后可作为强辐射性核废料的储存容器，安全程度比现有的质量最好的"核废料垃圾桶"高得多，而且其使用寿命可达数千年之久。相比之下，目前美国最好的"核废料垃圾桶"的使用寿命不超过100年，而且还必须放置在地质状况稳定的地方，如废弃的盐矿或地下洞穴中。通俗地讲，这种"超级结晶物"就像练习拳击的沙包，受到重击后仍能逐渐恢复原形。此外，加工这种特殊材料时，可利用传统的陶瓷加工技术，操作并不困难。专家认为，有了这种"超级结晶物"，美国将拥有更安全、稳定的核废料和核材料的储存系统。

随着科学技术的不断发展，相信在不久的将来，核能的开发和应用会变得更加安全。

（林　静　黄民生）

▲ 切尔诺贝利核电站的废墟

核废料

　　对于环境而言，核电站犹如一柄双刃剑，在收获环境改善的果实同时，也埋下了放射性污染的隐患，这一隐患主要来自于核废料。

　　核电厂废料主要分两类，一是"低放射性核废料"，即核电厂在运转或检修时受到辐射污染的衣物、手套、鞋子及水处理产生的废弃物等，其辐射强度较弱；二是"高放射性核废料"，主要是发电用过的核燃料，目前全球只有低放射性废料的最终处置场在运转，至于用过的核燃料，还没有一个最终处置场，理论上各国一致采行深埋方式，以多重障壁的设计，将高放射性核废料埋藏在数千米的地下。

废电池污染

～～～～～～～～～～～～～～～～～～～～～～～～

　　自从 1799 年意大利科学家伏打发明了世界上第一个电池——伏打电池以来，电池的发展日新月异，出现了各式各样的电池，存在于人们生活的各个角落。随着人们生活水平的提高和现代化通信业的发展，人们使用电池的机会愈来愈多，手机、寻呼机、随身听、袖珍收音机等都需要大量的电池作电源。今后一个时期，会有更多的废电池出现。然而，尽管近年来人们对保护自然生态环境日益重视，水污染、大气污染、白色污染等环境污染的治理已不同程度地收到了一定的效果，但废电池污染却未能获得有效地治理。

　　有关资料显示，一节一号电池烂在地里，能使 1 平方米的土壤失去利用价值；一粒纽扣电池中的污染物泄漏可使 600 吨水无法饮用，这相当于一个人一生的饮水量。对自然环境威胁最大的五种物质，电池里就包含了三种：汞、铅、镉。若将废旧电池混入生活垃圾一起填埋，渗出的汞及其他重金属物质就会渗透进土壤，并污染地下水，进而通过食物链间接威胁到人类的健康。据有关专家介绍，汞是一种毒性很强的重金属，对人体中枢神经的破坏力很大，20世纪50年代发生在日本的震惊中外的水俣病就是由于汞污染造成的。目前我国生产的含汞碱性干电池中汞含量达 1%～5%，中性干电池的汞含量为 0.025%，我国电池生产消耗的汞每年就达几十吨之多。镉在人体内极易引起慢性中毒，主要病症是肺气肿、骨质软化、贫血，很可能使人体瘫痪。而铅进入人体后最难排泄，它干扰肾功能、生殖功能等。因此，安全地处理废电池已十分必要和急迫。

目前，我国电池年产量已达 180 多亿只，占世界电池总产量的 30% 左右，其中国内年消费量达 70～80 亿只，而回收率却不足 2%。由于人们对废旧电池的污染认识不足，随意丢弃废电池的现象还十分普遍，不管是城市还是乡村，废旧电池都随处可见。据了解，北京市电池年消耗量达 6 000 多吨。虽然近几年关于废旧电池的回收已引起有关部门重视，指定了专门进行回收的定点单位，同时在学校、商场、社区等一些高密度人群区设立了回收点，但收效仍然有限。1998 年以来，北京市垃圾回收中心共回收废旧电池 400 余吨，回收率仅为 1.7%，大量的废电池都被丢弃到环境中。上海市从 1998 年 5 月开始启动废电池回收工作，废电池回收点也是逐年递增，迄今为止全市已设置了四五千个废电池回收点，每年共回收废电池100余吨，但这与全市每年产生的大约3 000多吨废电池相比还相差甚远。据了解，由于我国迄今为止尚没有一家专业的、能够批量处理废电池的企业，全国各地收集废电池的地区都出现回收后的电池难以有效处置和利用的尴尬难题。

那么，到底如何解决废电池这一棘手的难题呢？环保专家建议，要从根本上解决废旧电池处理难题，一是要使废旧电池的回收、处置、利用在产业政策的轨道上运行，国家应尽快出台相关行业政策及法律法规，并制定符合我国实际的管理办法及具体的可操作的管理实施细则。二是按照"谁污染，谁治理"的原则，对电池生产企业征收环境治理税，用于回收、处置和利用环节的经济补贴。三是要尽快建立健全系统的废旧电池自愿及强制回收体系。自愿回收体系的建立，可以采取设立公共收集设施的办法；建立强制回收体系，可以采取通过立法要求生产者、销售者收集其产品废弃物。四是应建立起完善的废电池运输管理制度、储存管理制度，把好运输、储存关口，

防止二次污染。五是采取电池"以旧换新"的办法，对消费者适当让利，以促进废旧电池的回收。

（李华芝　于学珍　黄民生）

垃圾焚烧一定安全吗

焚烧是指垃圾中可燃物在焚烧炉中与氧进行燃烧氧化，其中的碳、氢、硫等元素进行化学反应，释放出热能，同时产生烟气和固体残渣。焚烧法处理垃圾方法的特点是速度快、处理量大、减容性好，并且有热能回收，尤其适合于土地资源紧张的城市或地区使用。

20世纪60年代以后，垃圾焚烧处理在欧美等工业化国家开始得到了快速发展和应用。美国的垃圾焚烧法处理的比例已经达到40%左右，垃圾发电已达2 000兆瓦。德国拥有世界上效率最高的垃圾发电技术和设备，目前拥有近百台垃圾焚烧炉。大阪市于1965年建成了日本第一座垃圾焚烧厂，日本目前有垃圾焚烧炉约3 000座，垃圾发电站131座，其垃圾焚烧处理率达到75%以上。

我国城市生活垃圾焚烧技术始于20世纪80年代末，

深圳市引进国外关键技术及主要设备建成了我国第一座现代化垃圾焚烧厂，为发展垃圾焚烧事业提供了宝贵经验。目前国内最大的千吨级生活垃圾焚烧厂——上海江桥垃圾焚烧厂已正式投产，其主要工艺和关键设备引自西班牙，可以处理上海市六个城区的生活垃圾，年处理量达 33 万吨左右。

▲ 上海江桥垃圾焚烧厂

焚烧技术在处理垃圾方面有很多优势，但它也有其局限性。首先是对垃圾的热值有一定要求，即：不是任何垃圾都可以焚烧的。通常要求待焚烧的垃圾热值大于 4 127 千焦耳 / 千克，水分≤54%，可燃物含量≥20%。其二是焚烧炉的大气污染问题，即焚烧垃圾的过程中会产生大量的烟气和粉尘，这不仅带走近 30% 的热量，而且如果控制不好，还会产生新的环境污染，尤其是产生剧毒物质二噁英（更科学地讲，应该是"二噁英类"，是一类数百种在环境中高度稳定的有毒化合物的统称）。据悉，日本 80% 以上的二噁英来源于垃圾焚烧。其三是焚烧设备一次性投资大，运转成本高，即使有热量回收，还是"入不敷出"，许多焚烧厂呈亏损运行。另外，垃圾只有在经过有效分拣、回收后才能"付之一炬"，否则无法实现资源的最大限度的再生、利用。

对焚烧垃圾造成二次污染的担心笼罩着许多工业化国家。在日本，公众对垃圾焚烧炉释放有毒气体的问题发出强烈抗议。多年前，大阪郊外一个垃圾焚烧炉附近的土壤中发现含有高浓度的二氧芑（二噁英中毒性最强的一种化合物），这种燃烧时产生的有毒化学物质会导致胎儿畸形，诱发皮肤病和癌症。在法国，因为发现牛奶中含有二氧芑而关闭了附近的 3 个垃圾焚烧炉。而在英国，政府关于再建一些垃圾焚烧炉的提议更是引发了一场政治风暴。垃圾焚烧如此遭人厌恶主要是因为过去几十年对其造成的二次污染疏于控制造成的。20 世纪 60 年代对垃圾焚烧造成的二次污染的唯一控制办法就是安装除尘器对烟气进行处理，但这类装置不能有效地去除二噁英类物质。到了 70 年代，人们越来越认识到二噁英给人类健康带来危害的严重性。这些担心最终使欧盟在 1989 年采取了严格的排放标准，将许多焚烧炉关闭或进行技术改造后重新投产、运行。但是焚烧后的炉渣仍令人感到不放心，因为这些炉渣中也发现了含量严重超标的二氧芑和重金属等污染物。在澳大利亚，尽管电磁铁吸走了炉渣中的金属并与水泥混在一起以防止被滤出，但当地的绿色和平组织仍把它描述为一个"滴答作响的二氧芑炸弹"。

那么，垃圾焚烧过程中二噁英到底是怎样产生的呢？为控制和治理二噁英污染又可采取哪些应对措施呢？专家认为，在垃圾焚烧炉中，物质基础和焚烧条件是决定二噁英能否形成、浓度高低的最重要因素。

二噁英类污染物是由C、H、O、Cl等化学元素合成的，由于垃圾的成分十分复杂，上述4种化学元素在垃圾中大量存在，因此垃圾焚烧为二噁英的形成准备了充足的物质基础。其中，氯（Cl）是二噁英能否合成的关键元素（氯苯、氯酚、多氯联苯及氯化钠等）。有人认为只要减少垃圾中的氯含量，就可以少产生甚至不产生二噁英。但实际上，这是很难做到的。一方面，垃圾本身含有大量氯化合物（生活垃圾中氯化钠就是很典型的例子），这些化合物或混合或溶解在垃圾中，几乎无法从中分离出来。另一方面，输送到焚烧炉的空气中也会有氯元素的存在。

▲ 澳门垃圾焚化炉

垃圾焚烧条件主要是指：温度、停留时间和搅动。要控制垃圾焚烧时二噁英形成，就要提供足够高的焚烧温度、足够长的焚烧时间和足够大的物料（垃圾、助燃剂、空气等）搅拌强度，这些合称为垃圾充分焚烧的"三T原则"。实践经验表明，只有在温度达到850 ℃以上、停留时间不短于两秒、氧气浓度大于6%，还要在充分搅动、混合的条件下，才能有效控制二噁英的合成。在焚烧炉的实际运行中，往往很难同时具备这三个条件。

其中，焚烧炉开始点火的初期与即将熄火的末期，炉内温度都可能低于 850 ℃，这为二噁英的形成提供了条件。

近年来，国内外多家环保公司通过研发新型垃圾焚烧设备、科学控制焚烧条件、强化焚烧炉尾气净化等措施来控制二噁英污染，取得了可喜进展。据报道，新型立式气旋热解气化垃圾焚烧炉，可以将尾气中二噁英排放量大幅度降低，垃圾进入这种焚烧炉后，在特殊的装置内进行高温缺氧裂解成可燃气体，然后进入二次燃烧室进行 1 200 ℃ 的燃烧，整个焚烧过程采用全自动微机控制以最大限度地降低尾气中污染物的浓度，排出的尾气经过过滤、化学反应或吸附的技术措施获得高效净化。

总而言之，焚烧作为垃圾处理、处置的一种方式还会继续在各国推广应用。安全焚烧垃圾是全球共同面对和急需解决的问题。为此，我们在实践中需要注意做好如下工作：（1）在筹建垃圾焚烧处理厂（站）之前，应对垃圾来源、主要成分、热值、含水量等情况作全面的分析、了解；（2）在焚烧之前，最大限度地分拣、回收垃圾中有用资源；（3）以控制污染、回收热值为重要考核指标，优化选择焚烧设备、科学控制焚烧条件；（4）选择先进、高效的废气净化技术、设备，将二次污染（特别是二噁英）降低到最低。切记：垃圾焚烧绝不是"一烧了之"那么简单！

（李华芝　于学珍　黄民生）

垃圾焚烧

焚烧法是垃圾的一种高温处理技术，其最大优点是减量化和无害化程度高。垃圾在温度为850 ℃的第一燃烧室焚烧后，产生的烟气再通过温度为1 200 ℃的第二燃烧室彻底焚烧和破坏二噁英及氯苯、氯酚、多环芳香烃化合物等。最后采用各种方法进一步去除酸性气体（氯化氢、二氧化硫、氮氧化物）、烟尘等。垃圾焚烧产生的热量用于发电或供热。垃圾焚烧是以环境保护为根本出发点的，其次才是能源利用。因此在进行垃圾焚烧时，最重要的是环境保护的需要。垃圾焚烧过程，特别是重金属和某些气态污染物产生过程和这些污染物在气相和固相（底灰）之间的分配，对于二次污染控制技术的发展有重要意义。

有机垃圾是怎样变成肥料的

按化学组成，垃圾可以分为有机垃圾和无机垃圾两大类。就城市而言，有机垃圾主要包括：废纸、废弃塑料制品、废旧衣物、家庭餐厨、饭店和宾馆的泔脚等等。废纸、废弃塑料制品、废旧衣物往往都由各类废品站进行了有效的回收，而家庭产生的餐厨、饭店和宾馆等单位产生的泔脚则很少有人"问津"。

家庭厨余、饭店和宾馆的泔脚（合称为餐厨垃圾）具有量大、含水率高、易于腐败发臭等特点，如不进行妥善处理和处置，不仅影响市容环境和市民生活，而且成为害虫及病菌生存的"载体"（饭店、宾馆其食客来源十分复杂）和滋生的"温床"，加速传染病扩散。应用泔脚饲养牲畜，会导致"垃圾猪"、"潲水油"流入社会，危害人体健康，并可能引发人畜共患疾病（如"疯牛病"

及"非典"等）。但餐厨垃圾富含碳、氮、磷、钾、钙及各种微量元素，是生产有机肥的良好原料。据报道，上海市近3万家餐饮企业每家每天产生30～400千克的泔脚，144家星级饭店每家的泔脚产量也约在300千克左右。另外，各种企事业单位（包括大专院校）的食堂是泔脚制造的"大户"。因此，上海市每天产生泔脚总量至少在1 300吨以上，约占上海每天城市生活垃圾量的10%左右。如果都能通过堆肥转化成有用肥料，将在上海城市绿化和生态农业事业中具有很好的用武之地，其资源效益、环境效益、生态效益、经济效益都很显著。因此，为了防止这些有机垃圾对环境的污染，为了保障人类健康，在社会主义市场机制运作下，应根据"统一管理，市场运作，单独处置，资源化利用，源头减量"的原则进行管理，堆肥是实现这一目标的有效途径之一。

那么，餐厨垃圾怎样神奇地变为人见人爱的有机肥料的呢？下面就向大家谈谈个中的科学道理。

简单地说，堆肥就是将有机垃圾堆制成肥料的过程。按照堆制方法，堆肥可以分为简易堆肥和机械化堆肥、静态堆肥和动态堆肥、好氧堆肥和厌氧堆肥等许多不同的类型。我国农村传统上将生活垃圾、粪便及农田秸秆等混合起来采用厌氧发酵方法进行堆制，其堆肥周期长达4～6个月，有机物分解缓慢，堆场占地面积大，而且蚊蝇滋生。现代堆肥大多采用好氧方法，具有有机物分解彻底、堆制周期短、臭味小等优点，适合于机械化操作。

餐厨垃圾的机械化好氧堆肥是在人工控制条件下利用专门的机械、设备，通过生物化学反应（主要是微生物的分解、转化作用）使之成为具有良好稳定性的腐熟土状肥料的过程。

在堆肥装置中，餐厨垃圾是分阶段转化为肥料的。在每一阶段中参与堆肥的微生物种类也各有不同。在堆肥初期，中温微生物（最适生长温度为 25 ℃～45 ℃）十分活跃，它们担负着餐厨垃圾中有机物分解的重任，并释放出大量热量，使得堆温迅速上升到 60 ℃～70 ℃。接下来堆肥进入高温阶段，这时中温微生物的生长、繁殖受到抑制甚至死亡，由高温微生物（嗜热细菌和高温放线菌等）取而代之。在高温阶段，一些较难分解的有机物（如纤维素、木质素等）将逐渐被分解成腐殖质，垃圾中寄生虫卵、病原微生物和杂草种子也被杀死或灭活，堆肥产品的性质也越来越稳定。最后，随着垃圾中有机物分解基本完成，堆温开始下降，中温微生物又开始活跃起来，并由它们最终完成堆肥产品的腐熟。

如上所述，微生物是堆肥的功能主体。因此，堆肥过程就是要从堆肥机械、设备的选择及其运行控制等方面为发挥微生物的最大作用服务去创造最佳条件。那么，这些微生物是从哪里来的呢？简单说，有两个来源：餐厨垃圾本身和人为投加。餐厨垃圾含有数量众多、各种各样的微生物，在堆肥过程中，只要提供合适的条件，这些"土著生物"就会获得快速生长、繁殖，并在有机物分解、转化中发挥重要作用。研究和实践结果均表明，向堆肥系统中投加一定量的特殊微生物往往能够获得更快的堆肥速度、更好的堆肥效果。这些特殊微生物是科学家在实验室研究、筛选出来的"精兵强将"，有细菌，有真菌，也有放线菌，或者是它们的混合群体。在市售产品中，这些特殊微生物都有一个共同的名字：菌剂，有液体的，也有固体粉末状的。但无论是哪种品牌、类型的菌剂，实际应用中都应注意其生态环境的安全性，而对通过基因操纵手段研制的"工程菌"的应用则更要小心、谨慎。

怎样优化选择堆肥设备、提供最佳的堆肥条件同样是垃圾堆肥过程中极其重要的工作内容。堆肥设备的类型繁多，小型柜式堆肥机、大型立式发酵仓、卧式堆肥滚筒等都是应用较多、效果良好的堆肥设备。堆肥条件主要是指：垃圾性状（含水率、粒度、孔隙率、碳/氮比）、堆制温度、空气（氧气）流量和含量、搅拌或混合强度等。

▼ 小型生活垃圾处理机

餐厨垃圾生物处理与堆肥资源利用正处于快速发展时期。在日本小型餐厨垃圾处理机已经成为许多居民的大件"家用电器"，中小型生化处理机和大型垃圾堆肥站也在我国许多中心城市大量推广应用。如上海市对餐厨垃圾实施全过程监督管理，包括对餐厨垃圾产生单位实施餐厨垃圾发生量申报制度，对餐厨垃圾收运、处置单位实施备案登记制度，对餐厨垃圾处理设备生产厂家实施设备使用管理，对用于餐厨垃圾处置的微生物菌剂强制实施安全性检测等等。

（李华芝　于学珍　黄民生）

堆　肥

易腐有机废物如厨余、果皮、树叶、农业秸秆及畜禽粪便等，可以通过沤肥、强制通风的好氧堆肥、隔绝空气的厌氧堆肥等措施使有机废物熟化和稳定化，杀灭有害病菌，从而达到无害化。目前堆肥法的发展方向是堆肥和化肥相结合的有机复合肥制造和在优势菌种的存在下的快速厌氧堆肥。寻找非农业用途的堆肥应用新领域也是堆肥法得以广泛应用的条件之一。近年来，国内外正在兴起优势菌种高温好氧快速降解有机废物的应用热潮。

循环经济——让垃圾变废为宝

～～～～～～～～～～～～～～～～～～～～

　　人类只有一个可生息的"村庄"——地球。可是这个"村庄"正在被人类每天制造出来的垃圾所包围。这些混杂着各种有害物质的垃圾被拉去填埋，侵占土地、污染环境。长此下去，我们的星球会不会变成无法生息的垃圾场？"Recycle"——回收，对我们来说并不陌生，垃圾分类回收造就的最终是一个资源循环型的社会，即通过分类回收人们完全可以把垃圾重新变成资源。回收利用一吨废纸就可再造出 800 千克好纸，可以少砍 17 棵大树；从废塑料中可回炼出大量无铅汽油和柴油；从废电池中可以提取宝贵的稀有金属；炉灰经过改造可以做建筑材料；菜叶、果皮等生物垃圾也可以再生利用为有机肥料……因此，没有永恒的垃圾，只有被放错的资源。资源回收不仅意味着保护生态环境，而且意味着发展经济。随着生态环境的恶化和自然资源的剧减，人类社会不得不转变自己的经济发展模式，由过去的"牧童经济"转向"宇宙飞船经济"，前者把自然当成随意放牧、随意扔弃废物的场所；而后者则是珍惜空间与资源，经循环再生后几乎没有废物。

把垃圾扔进垃圾箱，这是人皆共知的卫生常识，从卫生的角度看可以是 100 分，但从环境保护、资源回收的角度看就不及格了，因为正是我们每个人把垃圾混扔在一起，这些垃圾只好被当成"废物"送去填埋和焚烧了。因此，要让垃圾变成资源，首先就要在对垃圾进行分类收集。它涉及从源头分类到综合利用的一系列环节，因而，垃圾分类方案的设计要从系统的角度来考虑，对生活垃圾要实行"从摇篮到坟墓"的全过程管理，建立从分类投放—分类收集—分类运输—分类处理—分类利用的"链式系统"。这样既可以充分利用垃圾中的资源，又可以简化后期处理，必将收到良好的社会效益和经济效益。通过垃圾分类，公民容易理解自己与环保的关系：每个人都是垃圾公害的制造者，也是垃圾公害的受害者，更应是垃圾公害的治理者。我们要改变这样的认识偏差：我只是环境公害的受害者，别人或企业是环境公害的制造者，政府是环境公害的治理者。环境保护，不仅仅是政府行为，更是一种个人行为，要保护民族的生存根基，必须从每个人做起，人人有责任通过举手之劳来参与环保。

垃圾分类收集、回收在国内外已有多年的实践应用。

世界发达国家通过垃圾分类收集，实现再利用的比例已高达 45% 以上。据报道，上海浦东许多居民小区垃圾桶分红、黄、绿三种，红色垃圾桶上标明有毒有害垃圾的形象图案，黄色垃圾桶和绿色垃圾桶上分别标明废玻璃和可焚烧垃圾的形象图案。采用分桶投放是实现垃圾分类收集、分类运输、分类处理和分类利用的首要前提，意义十分重要，但实际运作中要以市民的自觉行动和良好习惯为支撑。据报道，国内某些地区就出现了城市垃圾分类收集遭遇居民生活惯性"抗击"的窘境。如某市环卫部门近年来在各主要路段投放了 1 000 多个垃圾分类收集箱，但调查结果发现几乎没有一个箱子里的垃圾是已经实现了分类投放的。那么，垃圾分类收集为何遭到冷遇？通过对市民采访发现，存在的问题很多。一方面，许多市民对哪些垃圾可以回收利用、哪些垃圾无用没有明确的概念。另一方面，市民的积习难改。可见，垃圾分类回收绝不是仅靠设置几个颜色不同的垃圾桶就能实现的，它是一种十分复杂、需要坚持不懈的系统性工作。下面介绍的日本在生活垃圾分类收集方面的经验，可供我们参考借鉴。

在日本，每天倒垃圾有明确的时间规定，而且要先将垃圾预处理好后再倒，垃圾大致分为五种。第一类是资源物资，包括啤酒瓶、饮料瓶、罐类，还有报刊、纸箱、旧衣物等，处理这类垃圾时，要求将瓶、罐等容器洗净，并装入专用的"资源回收袋"。第二类是可燃垃圾，包括菜叶、果皮、纸屑、木块、油类等，菜叶要滤净水分，油类不能连瓶倒掉，必须浸入纸或布内。第三类是不可燃垃圾，包括陶瓷器皿、玻璃等，这类垃圾需用透明塑料袋装好。第四类是有毒垃圾，包括干电池、日光灯管、体温计等，它们要装入特别配备的"处理困难物品的专用袋"。第五类是大垃圾，包括家具、自行车、大型电器、汽车等，此类垃圾需与专门部门联系，请他们派车处理。

日本国土有限，资源贫乏，能源紧张。"垃圾是有用资源"、"从垃圾中淘金"——这种意识已经渗透到日本人的生活习惯中。近年来，日本政府把建立循环经济型社会提升为基本国策之一，并在打造循环经济的道路上走在了世界的前列。为保证垃圾分类收集、回收利用达到良好效果，日本《废弃物处理法》对 20 多种行为制定了高低不一的惩罚标准。轻者，将被处以最高为 30 万日元的罚款；重者，将被处以 5 年以下有期徒刑以及最高可达 1 000 万日元的罚款；最重的惩罚主要针对"废弃物非法投放罪"，除了将被处以 5 年以下徒刑外，还将被课以最高 1 亿日元的罚款。

在日本，人们把将废弃物转换为再生资源的企业形象地称为"静脉产业"，因为这些企业能使生活和工业垃圾

▼ 煤矸石空心砖厂施工现场

变废为宝、循环利用，如同将含有较多二氧化碳的静脉血液送回心脏一样。生活垃圾堆肥、生活垃圾发电、生活垃圾发酵生产沼气、建筑垃圾和焚烧灰渣生产水泥或混凝土等等都是其中典型的例子。另外，随着汽车工业的快速发展，废弃、废旧轮胎也就越来越多。据悉，废旧轮胎经加工可回收胶粉等有用物质，并用于生产减震材料、塑胶跑道、橡胶地板、防水卷材、铁路（地铁）轨枕等产品，是"十五"期间国家鼓励发展的高科技绿色环保产业。

（李华芝　于学珍　黄民生）

循环经济

循环经济就是把清洁生产和废弃物综合利用融为一体的经济形式，它本质上是一种生态经济。循环经济倡导的是一种建立在物质不断循环利用基础上的经济发展模式，它要求把经济活动按照自然生态系统的模式，组成一个"物源—产品—再生物源"的物质反复循环流动过程，使得整个经济系统以及生产和消费的过程基本上不生产或者只生产很少的废弃物。循环经济的特征是自然资源的低投入、高利用和废弃物的低排放，从而有可能在根本上消解长期以来环境与发展之间的尖锐冲突。

填埋：给生活垃圾一个适合的归宿

填埋作为城市垃圾最终处置的主要方法之一，具有处理量大、成本低廉、适用范围广等优点，在世界范围内被广泛采用。据报道，目前我国垃圾年填埋量达到5 000万吨以上，到2005年我国城市生活垃圾的70%将采用填埋方式处置。厌氧型卫生填埋是国内外垃圾填埋场应用的主要类型，它具有结构简单、易于施工、操作方便等优点。

垃圾填埋涉及转运、推铺、压实、覆盖、复垦、渗滤水处理、沼气处理与利用、防渗、恶臭防治等十分复杂的过程。下面简单介绍城市垃圾卫生填埋场日常操作的主要过程。

填埋时，应分区进行，尽可能缩小每次填埋的作业面。每天的垃圾堆放高度一般为2~3米。填埋过程中经

◀ 上图为上海老港垃圾填埋场；下图为垃圾填埋场压实机

历运输机（车）倾倒、推土机摊铺、压实机压实和土壤覆盖。

　　压实的作用是减少垃圾体积，以便下一轮倾倒和摊铺。土壤覆盖的作用是保温、控制臭气散发、减少"四害"（蚊子、苍蝇、老鼠和蟑螂）等，日覆盖厚度为 30 厘米左右。

当垃圾填埋到所要求的最终高度后，就需要对整个填埋区进行厚度为60～100厘米的终场覆盖，目的在于防止雨水下渗和火灾、减少风蚀及鸟类和其他动物的光顾，同时为恢复植被提供基础。

从内部过程来讲，垃圾填埋场是一个生化反应器，垃圾在生物发酵过程中释放大量热量，使得填埋层温度达到50℃左右，还会散发硫化氢等气体，这些情况都不利于植物的成活与生长。尽管如此，垃圾填埋场还是可以种植许多植物，如夹竹桃、四季青、龙柏、石榴、棕榈、海棠、苦楝、刺槐、女贞等木本植物及牛筋草、知风草等草本植物。植被恢复对垃圾填埋场具有十分重要的作用，如改善填埋场景观、防止填埋场水土流失和控制二次污染，减少害虫、蚊蝇滋生等。据报道，填埋场产生的甲烷、硫化氢等有害气体是抑制植物成活与生长的主要因素，因此，终场覆盖土层厚度最好在60厘米以上。

为控制垃圾渗滤液对周围环境的污染，填埋场表层应建设有完善的雨水沟渠系统，以便将地表径流向场外引流，减少渗滤液的产生量；填埋场底层除设置防水层（又称衬垫或衬底，通常是黏土夯实层或土工布及高密度聚乙烯膜等）外，还需要建设完善的渗滤液收集管道和输送系统，以便完成渗滤液的回灌及场外集中处理。

在填埋场，还应安装间隔为50～100米的矩阵型沼气导排管道系统，以便将产生的沼气及时排出。这样做的目的不仅是为了安全（防止爆炸），而且在于减少对植物生长的影响。另外，沼气是一种热值很高的生物质能源，通过管道收集可以开展综合利用。据资料报道，如果我国城市垃圾填埋场中有 3% 的部分建立沼气收集利用装置的话，按每千克垃圾产生 0.07 立方米沼气计算，每年可回收利用甲烷 12 万吨，其经济效益和环境效益十分可观。从国外实践看，发达国家早已普遍进行城市垃圾填埋气体收集利用，有优惠的政策支持和良好的商业运作模式。

终场后的填埋场还有两项资源可以利用，一是土地资源，二是已稳定的矿化垃圾。如英国的利物浦国际花园、阿根廷布宜诺斯艾利斯环城绿化带等都是在填埋场上建立起来的。

随着城市垃圾产生量越来越大以及对垃圾妥善处置的要求越来越高，我国垃圾填埋场的规划、建设正处于快速发展时期。国家环保总局专门制定了《生活垃圾填埋污染控制标准》，对填埋场选址、填埋场工程设计（防渗，气体输导、收集与排放，入场填埋物的类别和性状，大气、废水和噪声污染控制）等都规定了实施细则，这将对保障我国城市垃圾填埋事业的健康发展发挥重要作用。我们要切记：垃圾填埋绝不是"一填了之"。

（李华芝　于学珍　黄民生）

怎样处理垃圾填埋场的"毒水"

垃圾渗滤液是垃圾填埋过程中产生的最典型二次污染，可以污染填埋场周边水体、土壤、大气等，使地面水体缺氧、发黑变臭，威胁饮用水和工农业用水安全，污染物通过土壤—作物系统进入食物链将直接危害人类健康。未经有效处理的垃圾渗滤液如直接向外排放，甚至会导致周边地区寸草不长，称其为"毒水"，绝不过分。因此，渗滤液的有效处理是垃圾填埋场规划建设、运行管理的重要内容。

那么，垃圾渗滤液是怎样产生的呢？答案有四个，即：（1）大气降水（包括雨、雪）；（2）垃圾自身含水；（3）垃圾填埋过程中由微生物发酵（生化反应）产生的水；（4）地下潜水的反渗。渗滤液的产生量与降水量、蒸发量、垃圾性质、地表径流等多种因素有关。研究结果表明，当原垃圾含水 47% 时，填埋时每吨垃圾可产生 0.072 2 吨渗滤液，大气降水具有集中性、短时性和反复性，未及时引流的降水渗过垃圾层形成的渗滤液占总量的绝大部分。相比而言，填埋过程中生化反应产生的渗滤液要少得多。渗滤液的性质（污染物浓度和组成）随垃圾成分、当地气候、水文地质、填埋时间及填埋方式等因素的影响而发生显著变化。

又黑又臭的垃圾渗滤液其危害性来源于它们所含的高浓度、高色度、强毒性污染物，包括有机污染物、氨氮和重金属，也包括具有"三致"（致癌、致畸、致突变）危害性的多环芳烃类污染物，等等。以上海老港垃圾填埋场为例，其渗滤液中化学耗氧量（COD）、氨氮的浓度分别是一般生活污水的几十乃至几百倍。

作为城市垃圾填埋场二次污染控制工作的重中之重，几十年来，许多环境科学家和工程师们几乎为之付出了毕生的心血。可以说，为了处理垃圾渗滤液，几乎所有的工程技术都用尽了。但研究和工程实践结果均表明：垃圾渗滤液的有效处理简直可以说是"难于上青天"！要用合理的代价（工程投资和运行费用）来有效地处理浓度极高、成分复杂、毒性很强的垃圾渗滤液，仍然是我们需要长期研究的世纪难题。而且，垃圾渗滤液处理技术能否发挥最大的效用，需要从填埋场规划、建设、运行和管理等多方面采取综合措施。

严格控制渗滤液的发生量，因地制宜地优化筛选费用（特别是运行费用）较低、效果良好工程技术是解决

上海老港垃圾填埋场垃圾渗滤液兼性生物塘▶

渗滤液处理问题的主要原则。下面向大家介绍两种渗滤液处理方法。

稳定塘＋芦苇湿地＋化学氧化处理方法。上海老港垃圾填埋场应用这种方法处理渗滤液已有多年的运行实践，其主要处理设施（按从前到后的顺序排列）有：调节池、厌氧塘、兼性塘、好氧塘、芦苇湿地等。下表列出了各种处理设施的主要功能。

处理设施	主 要 功 能
调节池	接纳填埋场产生的渗滤液，起悬浮物沉淀和均衡水质、水量等作用。
厌氧塘	一级生化处理，由厌氧微生物分解、转化污染物。
兼性塘	二级生化处理，由兼性微生物分解、转化污染物。
好氧塘	三级生化处理，由好氧微生物分解、矿化污染物，降低有机物和氨氮浓度。
芦苇湿地	生态型处理系统，由芦苇及湿地土壤和微生物的联合净化作用去除有机物、氨氮和重金属等污染物，实现出水达标、排放。

老港填埋场渗滤液处理系统设计进水水质为：CODcr ≈ 12 000 毫克 / 升，BOD$_5$ ≈ 3 000 毫克 / 升，NH$_3$-N ≈ 400 毫克 / 升。经上述过程处理后，芦苇湿地出水水质为：CODcr ≈ 350 毫克 / 升，BOD$_5$ ≈ 180 毫克 / 升，NH$_3$-N ≈ 80 毫克 / 升。

运行经验表明，这种处理方法的主要优点是效果较好、运行稳定、管理简便、能耗（主要是曝气电耗）较低、产泥量少，但渗滤液停留时间很长（从进水到出水需要十多天），导致占地面积很大。另外，这种处理方法

▲ 垃圾填埋场防渗层施工

的最终出水色度、氨氮浓度仍然比较高，厌氧塘和兼性塘还会散发臭味，形成二次污染。

回灌处理方法。渗滤液回灌法处理就是将填埋场底部收集到的垃圾渗滤液重新循环回喷到垃圾填埋层上，通过填埋层这个庞大、高效的生化反应器（或生物滤床）达到渗滤液净化的目的。

回灌法处理渗滤液的功能主体还是填埋层中的微生物，另外还有垃圾颗粒的净化作用。研究和实践结果表明：回灌能提高填埋层中微生物数量，通过微生物的分解、转化作用大幅度削减渗滤液中有机污染物的浓度；

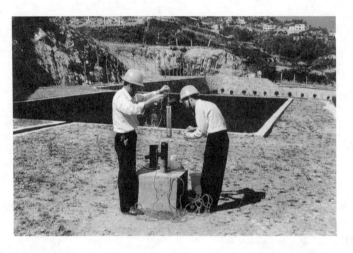
▲ 生活垃圾填埋场渗滤液监测

回灌能使渗滤液从酸性较快地转变为中性或弱碱性溶液，从而有利于其中的重金属离子生成氢氧化物沉淀；回灌能促进硫酸盐转化为硫化氢，从而有利于重金属离子形成硫化物沉淀；回灌能加速填埋层中垃圾分解，加快垃圾稳定化进程（未实施回灌的填埋场，其维护期一般在20年以上，而进行回灌的填埋场其维护期能大大缩短，稳定过程可缩短2～3年）；回灌能加速填埋层的沉降。不仅如此，回灌法因其构造简单、对水质和水量的适应性强、投资和运行费用低廉、提高沼气产量，是目前垃圾渗滤液处理中最经济、最简便的方法之一。据悉，英国50%的填埋场进行了渗滤液回灌处理，美国已有200多座垃圾填埋场采用此项技术。我国于20世纪90年代开始研究回灌法处理技术，系统地分析其技术原理和应用效果，对今后的国内推广和深入研究此项技术具有重大现实意义和理论意义。

（李华芝　于学珍　黄民生）

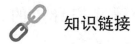

知识链接

渗滤液生物处理工艺

选用厌氧生物滤池和曝气生物滤池相结合作为生物处理工艺，厌氧生物滤池利用厌氧微生物的水解、发酵、酸化作用，大量降低COD，提高污水的B/C值（BOD与COD的比值），通过反硝化菌实现脱氮，还可降低污水处理的成本；厌氧生物滤池的出水进入曝气生物滤池进行好氧处理，通过好氧菌使有机物转变为二碳和水，氨氮转变为硝酸根和亚硝酸根，微量重金属离子与微生物螯合而得以去除。

危险固体废弃物：如何处置我们身边的"化学炸弹"

~~~~~~

危险废物（有毒、有害废物）是指除了放射性以外的具有强烈反应性、毒性、易爆性、腐蚀性、传染性等能引起或可能引起对人类健康或环境危害的废弃物，其中约有一半为化工行业产生的，包括铬渣、氰渣、碱渣、汞泥、电镀废液和污泥等。危险废物对环境的污染问题引起了世界各国的普遍关注。过去，日本、英国、美国等发达国家因有毒废物的无管制倾倒，曾产生了多起污染事故。根据《2000 年中国环境状况公报》报告，我国工业固体废物年产总量为 8.2 亿吨，其中危险废物产生量为 830 万吨。随着中国化学工业的发展，危险固体废弃物也在逐年增长，亟待进行严格的无害化和科学的安全处置。

那么，怎样妥善解决这些"化学炸弹"的危害和污染问题呢？除对有用成分进行回收、再用外，危险固体废弃物在最终处置之前可以用多种不同的技术进行处理，如对废物开展综合利用、对废物进行稳定化／固化处理以减少有害成分的浸出等等。以下简要介绍常见的工业危险固体废弃物的处理、处置技术及其应用情况。

铬渣解毒和综合利用技术。铬盐和金属铬是重要的工业原料，在国民经济建设中起着重要的作用。铬渣是金属铬和铬盐生产中产生的一种固体废物，其中含有的水溶性和酸溶性六价铬污染环境，毒性很强，进入食物链后将影响人体健康。例如国内某铁合金厂堆放的铬渣由于未采取防渗措施，致使 35 平方千米范围内的地下水受到污染，使 7 个自然村庄 1 800 多眼井水不能饮用。我国每年由于有害废物引起的污染纠纷造成的经济损失近亿元。

我国于 20 世纪 60 年代末就着手进行铬渣解毒和综合利用技术的开发研究，并取得了很好的成绩，目前应用的主要方法有：制玻璃着色剂、制钙镁磷肥、制铸石、制彩色水泥、制防锈涂料、制矿渣棉。但无论是何种处理技术，其中都包含有六价铬还原为三价铬的过程，随之铬渣的毒性也大大削减。

电镀污泥的稳定化／固化技术。作为电镀废水处理过程中产生的危险固体废弃物，电镀污泥中含有大量重金属，如铬、镉、镍、铜等，如不妥善处理、处置，对环境的危害很大。

将有害废物固定或包封在惰性固体基材中的处理方法，称为稳定化或固化。稳定化是指废物的有害成分，经过化学反应或被引入某种晶格结构后得到稳定的过程；固化是指废物中的有害成分，用惰性材料加以束缚的过程。有害废物经过稳定化／固化处理，其浸出毒性将大大降低，能安全地运输，并能方便地进行最终处置。对于稳定性和强度适宜的产品，还可作为建筑材料等开展综合利用。

水泥稳定化／固化技术处理电镀污泥，具有解毒效果好、投资和运行费用低、操作简便、固化体稳定等特点。但传统的水泥固化技术在处理废物时，需要使用大量水泥。如用水泥固化法处理电镀重金属废渣，其掺渣量只有 15%~20% 左右，以致固化体的增容比较大，给后续的运输和处置带来较大的困难。随着科技发展，人们发现通过向水泥中添加硅酸钠、矿渣及粉煤灰等，可以使水泥固化处理效果更好，浸出毒性更小。

药剂稳定化处理是电镀污泥等含重金属固体废弃物的处理、处置中另一种技术，它通过在废弃物中加入某种化学药剂，使废物中的有害成分发生化学变化或被引入某种稳定的晶格结构中。用人工合成的高分子螯合物捕集废物中的重金属的研究正在展开。例如，用聚乙烯亚胺与二硫化碳反应得到重金属螯合剂二硫代氨基甲酸，这种螯合剂对于重金属均有较好的捕集作用，并且不受pH 值的影响。再如，采用铁氧体湿法技术对电镀污泥进行预固化，再用混凝土进行最终固化，与单纯的混凝土固化处理相比，其固化体强度和稳定性都有明显的提高，浸出毒性也有显著降低。

砷渣的利用与稳定化处理。砷矿一般和铜、铅、锌、锡、锑、钴、钨、金等有色金属共生。随着矿产资源的开采和冶炼转变成为含砷废物，如黄渣、铅渣、铜浮渣、砷滤饼、砷尘、含砷废触媒等。从含砷废渣中可以提取白砷和回收有色金属。例如从含砷滤饼中提取白砷并回收有价金属；可用硫酸铁溶液对硫化砷滤饼做两次过滤处理，砷即转化滤液。然后，再经还原、结晶、过滤，得到的粗砷再做精制处理，可以制得纯度99.72%的白砷。残渣经浸铋、置换、熔铸等过程，可以制得纯度95.38%的纯铋。硫化铜和硫化铅渣可分别返回铜冶炼和铅冶炼。据悉，采用氯化铁为稳定化药剂处理砷渣可以达到预期的效果，经处理后砷渣浸出毒性低于标准值，已由危险废物转化为符合填埋场填埋标准的废物。砷渣稳定化处理过程中产生的废水中砷的浓度已低于污水综合排放标准。

总之，危险固体废弃物的处理与处置技术多种多样，实际工作中应根据不同废弃物的具体特点因地制宜地进行选择和应用。

随着我国环保事业的蓬勃发展，近年来各地先后规划建设了一批危险固体废弃物集中处理与处置中心。在2002年底建成的上海危险固体废弃物处置中心，采用了国际上最先进的处理技术和工程材料，含重金属的各种危险废弃物运送到该中心后，通过加入石灰和特殊的化学药剂后进行混合、反应、固化，重金属就不会泄漏出来污染环境。该中心设有三个长 64 米、宽 50 米、深 10 米的填埋坑，每年能处理废弃物 2.5 万吨。另外，天津与法国将共同投资 7 000 多万元建立了一个大型工业危险固体废弃物焚烧技术与设备产业化示范中心，每年可回收利用重金属、化工液渣、有机溶剂等 1 000 吨，可以使天津市 95% 以上的危险废物得到处理。

危险固体废弃物的妥善处置是世界各国面临的共同问题。20 世纪 80 年代后期，发达国家向非洲、中南美以及东南亚、中国等越境转移有害废物事件屡有发生。例如，挪威企业从美国向几内亚出口 1.5 万吨有害废物而造成树林枯死事件，意大利向尼日利亚以化学品名义"出口"并弃置 3 900 吨有害废物的案件，美国费城装的 14 000 吨有害焚灰（垃圾焚烧后的灰渣），在加勒比海各国、非洲、地中海沿岸等地遭拒绝入境以后，在海上徘徊了两年之久，最后被认为投进印度洋的事件等。

1989 年 3 月在联合国环境规划署（UNEP）的主持下，117 个国家和 34 个国际组织在瑞士巴塞尔通过了《控制危险废物越境转移及其处置巴塞尔公约》。该公约要求签约各国：（1）应尽量减少危险废物的产生量；（2）对于不可避免产生的危险废物，应尽可能以对环境无害的方式处置，并尽量在产生地处置；（3）只是在特殊情况下，当危险废物产生国没有合适的处置设施时，才允许将危险废物出口到其他国家以对人类健康和环境更为安全的方式处置。

近年来，发达国家向中国沿海地区转移有害废物（包括化工废料和电子垃圾等）事件时有发生。因此，要彻底做好危险固体废弃物的处理、处置问题，还要我们严拒这些"洋垃圾"于国门之外！

（李华芝　于学珍　黄民生）